U0396568

越红工夫茶

杨思班　陈元良　编著

浙江工商大学出版社

图书在版编目(CIP)数据

越红工夫茶 / 杨思班, 陈元良编著 . — 杭州：浙
江工商大学出版社, 2018.4

ISBN 978-7-5178-2633-0

Ⅰ . ①越… Ⅱ . ①杨… ②陈… Ⅲ . ①红茶 – 介绍 –
诸暨 Ⅳ . ① TS272.5

中国版本图书馆 CIP 数据核字 (2018) 第 050603 号

越红工夫茶

杨思班　　陈元良　编著

责任编辑　张莉娅　田　慧

封面设计　叶泽雯

责任印制　包建辉

出版发行　浙江工商大学出版社

　　　　　　（杭州市教工路 198 号　邮政编码 310012）

　　　　　　（ E-mail: zjgsupress@163.com ）

　　　　　　电话：0571-88904980，88831806（传真）

排　　版　庆春籍研室

印　　刷　杭州恒力通印务有限公司

开　　本　889mm×1194mm　1/16

印　　张　14.25

字　　数　205 千

版 印 次　2018 年 4 月第 1 版　2018 年 4 月第 1 次印刷

书　　号　ISBN 978-7-5178-2633-0

定　　价　49.80 元

杨思班

国家级评茶师，
高级茶道养生师，
越红工夫非物质文化遗产第三代传承人，
越红博物馆馆长，
绍兴越江茶业有限公司董事长。

陈元良

高级农艺师，1974年参加工作，长期从事茶
产业应用技术研究和适用技术推广工作。
1985—1999年任诸暨市茶叶技术推广站站长。
曾执笔编著诸暨"茶的历史和文化"丛书。

第二代传承人斯根坤（右）向第三代传承人杨思班传授越红工夫茶揉捻技术

第二代传承人斯根坤（左）向第三代传承人杨思班传授越红工夫茶摊青技术

第二代传承人斯根坤（右）向第三代传承人杨思班传授越红工夫茶烘干技术

时任诸暨市茶叶技术推广站站长陈元良在科技项目鉴定会上做技术总结报告

1991年，紫云菊花茶被国家农业部推荐去参加在泰国举办的中国优质农产品博览会。时任诸暨市茶叶技术推广站站长陈元良随团参加。图为其向国际友人介绍紫云菊花茶产品特征

陈元良在田头调查虫情

时任农业部农业局副局长高麟溢先生（左）在浙江省农业厅经济作物局局长陈清奇（中）陪同下视察诸暨永宁林场，右为永宁林场副场长姚祖来

时任诸暨市市委书记王继岗（右）和市委常委、常务副市长赵源思（左）在东和十里坪茶园观察

杨思班（右）在2015年第二届中国茶叶博览会上，向浙江省农业厅农技中心茶叶科科长陆德彪（左）、浙江大学茶学系主任屠幼英（中）介绍越红工夫茶生产情况

谢丰镐老师（右）在越江茶业品评越红工夫茶

2017 年 11 月 21 日，越红博物馆正式开馆揭牌

越红博物馆外观

越红博物馆展厅一隅

千年越都 一品越红 斯根坤

越红工夫茶第二代传承人斯根坤先生为越红博物馆开馆题字

越红茶 源头 诸暨 飘五洲

丙子年初秋 寿威书

原诸暨县人大常委会主任寿威同志为越红工夫茶题词

越红博物馆内的"守真"碑记

越红工夫茶产品

越红工夫茶参展首届中国国际茶叶博览会

越红工夫香飘五洲

（序一）

　　1950 年 3 月 25 日，时任农业部副部长吴觉农先生主持召开第一届茶叶公司经理会议，决定大力增产红茶。1950 年 12 月 19 日，吴觉农先生亲自到杭州举办制茶干部培训班，做《目前茶叶产销趋势和我们的任务》专题报告，和浙江省农业厅及中国茶叶总公司浙江省分公司共同研究浙江省部分绿茶产区改制红茶的问题。研究后决定成立浙江省红茶推广大队，绍兴地区的平水绿茶区被列为全省第一批"绿改红"示范区。以绍兴、诸暨为主产区的越红茶产品在特定的历史背景下应运而生，成为当时全国数量大、质量好的红茶品牌之一。

　　我是越红工夫茶诞生发展的见证人和直接参与者。当时我是复旦大学茶叶专修班的毕业生，组织上派我到绍兴地区管辖的嵊县（现为嵊州市）北山区做技术指导。当时杭州到嵊县交通很不方便，到北山区的公路还未通，得靠步行，于是我背着包裹从崇仁镇翻山越岭走到北山区，开始在谷来乡、后来又步行三十里到吕岙乡建办红茶初制所，日夜指导茶农开展红茶改制工作。为了完成红茶的改制任务，我两次陪同苏联专家赴浙江、安徽、福建三省十多个县考察（当时诸暨是考察的重点县之一），并参与编写了《苏联专家红茶试验示范小结》等材料。诸暨是浙江省茶叶生产大县，也是改制红茶的重点县。我被调到华东地区和农业部工作时，多次到诸暨调查和考察茶叶生产。诸暨改制红茶成绩显著，1953 年在全国茶区生产茶类调整时，诸暨仍生产红茶，为国家创汇、推动工业化建设做出了重要贡献。

——诸暨是浙江省第一批"绿改红"重点茶区。浙江省农业厅提供的资料显示，1951年诸暨成立全省第一家县级茶叶生产指导站，技术人员都由省农业厅委派。1951年3月，临近红茶生产季节，为保证越红质量，诸暨以自然村为单位，做好木炭燃料、木质揉捻机、竹垫、竹筐、地灶等准备工作。在茶芽还未到采摘标准前，原城南公社邱村大队红茶初制所发动妇女上山挖马兰头代替鲜叶，经过萎凋、揉捻、发酵、烘干等工艺制成"红茶"，目的是"练兵"。这件事也成了茶产销史上的一段佳话。

——诸暨在1953年底前完成"绿改红"改制任务。到1955年底，全县红茶初制所达到109家，全年红茶产量29000担[①]，超额完成国家任务。据1957年中国茶叶总公司浙江省分公司总结材料，诸暨红茶产量增长幅度名列浙江省第一。

——建设诸暨山口茶厂。1956年，由诸暨县林业特产局提出《关于建办红茶初制厂的规划意见》，经县第二届人代会二次会议审议通过，报浙江省农业厅、省供销社、中国茶叶总公司浙江省分公司批准，于1957年初在诸暨原东溪乡皂溪村，建办了年初加工能力为5000担越红工夫的诸暨县山口茶厂，由县供销社管理（现厂房部分设施犹存）。

——苏联专家实地考察。1958年5月，山口茶厂建成投产后，苏联专家伊万诺娃等3位茶叶科技工作者亲临考察指导，对诸暨县人民委员会支持茶厂建设表示感谢，对越红工夫茶品质予以充分肯定，并当场赠送由苏联茶叶专家库尔萨诺夫编著，我国茶叶专家、安徽农业大学教授王泽农先生翻译的《茶叶生物化学研究》科技书籍，供山口茶厂为提高茶叶加工质量参考使用。

——努力提高质量。1959年，红茶产量急剧下降，满足不了外贸出口的需求。对此，有关部门采取了相应的措施。1960年5月，苏联驻中国上海口岸验收茶叶的专家贝可夫，在浙江省农业厅茶叶专家王家斌同志的陪同下，专程考察诸暨红茶生产和加工情况。贝可夫参观了为增加红茶产量而新发展的城南、牌头茶场（二场面积为795亩），采摘现

---

① 旧制单位，一担=0.05吨。考虑到统计性质，本书中"亩""斤"等旧制单位未换算成现用标准单位。

场和茶厂内鲜叶贮存设备，以及初制所的萎凋、揉捻、发酵、烘焙、存放等生产全过程。在座谈会上贝可夫说，对诸暨茶园、茶厂非常满意，他们的清洁卫生工作做得很到位，加工工艺科学合理；并提出茶园周边树木没有苏联茶园周边多，建议要改善茶园小气候环境条件；茶厂规模小且分散，难以适应机械化加工；同时介绍了苏联采用生物化学管理的新技术。他介绍说，制茶的实质是建立最优越的加工程序，探讨生物化学变化的规律，以及研究生产管理的方法和茶叶加工机械的配置。贝可夫又当场赠送一本由苏联茶叶专家霍卓拉瓦编著，钱樑、黄清云先生翻译，吴觉农先生校阅的新版《制茶工艺学》。该书也成为诸暨红茶在万里茶道中对外交流的历史见证者。

——红茶烘干机研制成功。到1955年底，诸暨全县已有109家茶叶初制所，毛茶全部调绍兴茶厂精制拼配出口苏联。当时，红茶加工的萎凋采用日光，揉捻采用手推和畜力揉捻机，烘干采用木炭，烘焙房内木炭燃烧，烘笼手工翻拌茶叶，劳动强度很大。为了提高生产效率，原城南公社红茶初制厂在县茶叶生产指导站的帮助下，研究设计了一台"土烘干机"代替手工操作，用柴代替木炭，由此提高生产效率，降低劳动强度。其间浙江省农业厅特产局派技术人员做现场指导，并在试验经费上予以大力支持。经过4年的反复试验，红茶烘干机研制成功，就是现在绍兴茶机厂生产的"越峰"牌系列茶叶烘干机。红茶烘干机是浙江省首次在群众中开展技术创新的成功范例，1958年底通过省级科技鉴定，并在全省茶区得到迅速推广。

——得到外方的支持。由于诸暨所产红茶质量上乘，1958年苏联通过中国茶叶总公司赠送给诸暨6台大型自动烘干机，其中给山口茶厂5台，给城南茶场（后改为西山东方红茶场）1台。这种需40马力柴油机带动的庞大机械，在当时实为罕见。这几台自动烘干机印记着越红工夫茶在中苏友好中所做出的贡献，也是越红工夫茶在万里茶道中最精辟的传记。

越红工夫茶曾是万里茶道中的骨干商品和中坚力量，在"复兴万里茶道、振兴茶路贸易"的时代背景下，利用丰富的茶园资源及传统的加工技术和经验，推广应用适用新技术，注入现代元素，凸显越红工夫茶

"外形紧细、色泽乌润、汤色红亮、滋味鲜爽"的品质风格和特征，精心培育区域性地方品牌，重树其在市场的美誉度和信任度，让它在大健康的时代背景下，充分发挥曾经像支援工业化建设一样的社会价值，这不仅是茶产业供给侧改革、综合利用资源、延长茶产业加工链、提高茶产业附加值的新举措，也是一项振兴茶业经济、促进茶区农民收入提高的富民工程。

欣闻诸暨正在建设越红博物馆。这项工程通过收集越红工夫茶在发展过程中的实物资料，经整理归类，成为一部演替脉络清楚的家谱，客观真实地反映越红工夫茶从历史中走过来的峥嵘岁月，为产业走向未来提供经验和借鉴。本书也反映了越红工夫茶在不同历史条件下，为社会经济发展所做出的贡献；展现了诸暨代代茶人在不同的时代背景下，始终保持着爱岗敬业的精神和尽职担当的工作作风，谱写了可歌可泣的壮丽篇章。越红工夫茶手工制作工艺还被列为诸暨市第七批非物质文化遗产之一，使越红工夫茶的制作工艺在合理利用的基础上得到传承发展。同时通过法律途径仲裁解决商标争议，恢复"越红"商标是地域性约定俗成的工夫红茶通用名称，并以诸暨越红茶业协会为主体，转型构建地域品牌，提升发展传统产业，引领农民种茶致富。作为一个终身事茶的老茶人，甚感欣慰，并以此作序。

高麟溢

茶学家
原农业部农业局副局长
中国茶叶学会原副理事长
2017 年 7 月 16 日于北京

西施故里催生越红

（序二）

2012年11月10日，浙江大学茶学系在紫金苑校区举行60周年庆典，我也受邀参加这次活动。这次活动上我有一个意想不到的收获：来自上海、北京、福建、云南、四川、贵州和浙江省内的校友，不约而同地提起我在2011年第4期《茶叶》杂志上发表的《诸暨茶事纪实》一文，并表示赞赏。大家普遍认同诸暨是中华人民共和国成立之初浙江省第一批绿茶改红茶的示范县，它不仅为红茶改制工作做出了榜样，而且大胆创新，成功研制第一代畜力、水力揉捻机和第一代茶叶烘干机；还建设了一座得到中国茶叶总公司资助、年初加工能力5000担的诸暨山口茶厂，为满足当时外贸出口需求做出了历史性的贡献。

1960年5月，组织上安排我陪同苏联专家贝可夫到诸暨考察。贝可夫是苏联驻上海的茶叶质量评级师，价格由他决定，原级验收还是降级进货对茶农影响重大。贝可夫在诸暨的考察中，现场参观了山口茶厂的越红工夫加工设施并考查了毛茶质量，同时还对毛茶进行开汤审评，对越红工夫加工中的每一道工序都认真观摩，不断地提出问题，陪同人员一一做出了解答。贝可夫还参观了原城南公社大面积丰产高产茶园，检验采茶标准。最终对诸暨加工的越红工夫茶质量表示肯定和满意。在离开诸暨时，他对我说："我住在上海，如有茶叶出口贸易方面的问题，欢迎你们找我研究。"并伸出大拇指连连称赞越红工夫茶。

在我的工作记忆中，诸暨的茶产业一直全省领先，诸暨也在第一批跨入全国18个5万担茶叶生产基地县行列。到20世纪70年代末，诸暨拥有 12.6 万亩茶园，年产量超过 10 万担，名列浙江第 4、全国第 6。改革开放以后，诸暨在全省率先全面落实茶园经营家庭联产承包责任制，在茶叶经营从计划经济向市场经济的转轨变型中，善于把握政策导向，结合诸暨实际，制订切实可行的措施。20 世纪 80 年代中期，茶叶经营体制深陷计划经济和市场经济的交叉旋涡之中，加工茶类与市场需求之间的矛盾、农商两部门的职能转换、产品质量与市场价格的摩擦、基础投入与生产要素的相悖，出现了当时俗称的"茶叶大战"。由于成本与价格倒挂，当时的商业收购部门缺乏大局意识，在茶叶产区出现"茶香人穷"的现象。针对这些问题，时任诸暨市茶叶技术推广站站长陈元良同志，写了两篇题为《论诸暨茶叶的起落》和《论我市的茶叶质量问题》的调研报告，论点明确，数据翔实，观点鲜明。我仔细阅读以后，给他提出三条建议。一是调整茶类结构，综合利用资源。在引导发展名优茶生产的同时，开拓已经恢复的国际红茶市场，利用诸暨传统的加工优势，帮助农民将产品直接投入国际市场。二是抓好茶资源的综合开发和利用，主动与中国农科院茶叶研究所对接，引进和推广茶资源综合利用的先进技术，探索茶资源深加工的途径。三是引进和推广茶园管理机械化新技术，把机械化修剪、机械化采茶的新技术摆上议事日程，以减轻劳动强度和降低生产成本，同时对茶叶加工机械分期分批更新换代，以降低能耗和提高制茶质量。陈元良同志按照我提出的建议及时向上级部门做了专题汇报，得到了他们的重视和支持，最终采取了占领行业竞争战略制高点、引领同行业换位思考的措施。

· 成立专职茶叶协调组织 ·

诸暨市政府经过认真研究，决定成立诸暨市茶叶产销协调小组，并由陈元良同志担任组长，协助市政府制定和贯彻有关茶叶生产的方针政策，研究制订全市茶叶生产发展规划；配合有关部门加强对茶叶市场放开后的各项管理工作，贯彻落实茶类结构的调整和布局。这一管理形式，使茶叶产销市场秩序得到了整顿，无序竞争、哄抬价格、扰乱市场的情况得到了有效抑制，为市场需求组织生产和合理调整茶类结构搭建了协商平台。随后，诸暨在全省茶叶工作会议上做了"协调部门之间关系、搞活茶叶市场流通"的经验介绍。

·发展出口贸易·

1986年,中国农科院茶叶研究所研究员俞寿康先生,写信给诸暨市茶叶技术推广站,并牵线搭桥与广东茶叶进出口公司签订购销合同,组织12家乡镇茶厂定点加工越红工夫茶。1987—1992年间,共向广东口岸交付越红工夫茶3000吨,为茶农加工青叶1200万吨,为社会创造经济价值840万元(按当时价计算),为政府创造外汇120万美元,社会和经济效益非常明显。同时,由浙江省农业厅统一组织引进红碎茶加工技术,在广东英德订购红碎茶加工成套机械,从湖南请来制茶师傅,在直埠、宜东、东一、东和4家乡镇茶厂建设4条红碎茶加工生产线,按照国家红碎茶四套样标准,加工出口欧美。这不仅解决了大量夏秋茶资源利用的问题,而且明显提高了茶产业的附加值,有力地促进了农民收入的增加。诸暨在引进推广红碎茶加工技术中成绩突出,获得了省农业厅的嘉奖,越红工夫和红碎茶成为诸暨茶叶市场放开后的外贸出口骨干商品。

·加大名优茶开发力度·

在传统名茶石笕茶得到恢复创新、被评为浙江省首届十四大名茶之一后,诸暨结合西施殿重建,研制开发西施银芽名茶,以"外形挺秀绿翠、白毫显露、香气郁馥、滋味鲜醇、汤色嫩绿明亮、叶底细嫩成朵"为特色,在1989年浙江省第八届名茶评比活动中获省级名茶证书。同年,农业部在西安召开全国名茶评比大会,西施银芽获得部级名茶称号。当时我是华东地区的主评,评委们对西施银芽的质量予以了充分肯定,可以概括为"貌似西施秀美,质似王冕清高,烘炒璧玉结合,别出一格其窍",西施银芽就此成为全国名茶大观园中的奇花异葩。

·开展茶资源的综合利用·

在中国农科院茶叶研究所的指导下,诸暨以茶籽为资源开展综合利用,引进茶籽油氢化技术,成功开发制茶专用油,利用茶叶生产中的资源,开发加工制茶中所需的生产资料,形成一条资源循环的产业链。诸暨作为开路先锋，其制茶专用油产品在全国茶区得到迅速的推广应用，被评为 1992 年度国家级新产品。

诸暨的茶产业，在不同的历史时期，总是有"秉持诸暨人豪爽的性格，创强争先、脚踏实地、干在实处"的创新精神，在计划经济向市场经济转型中，以"三多"为主的经营体制，即多茶类加工、多渠道经营、多品岸贸易，为茶叶产销注入了新的活力。在茶叶产销体制的深化改革中，2001 年诸暨被评为"中国无公害茶叶之乡"，2003 年被评为"全省茶树良种化先进县"，2004 年被评为"全省初制厂优化改造先进县"，2009 年召开了全国（浙江）绿茶大会，2011 年被评为"茶文化之乡"。在茶产业供给侧改革中，诸暨率先提出茶产品从一般"解渴饮料"向天然"保健饮料"转变提升的理念，以适应饮茶个性化消费的时代需求；并以传统红茶品牌"越红"为载体，建设越红博物馆，出版《越红工夫茶》一书，以越江茶业成立 100 周年为标志，归纳总结诸暨百年茶史，展示代代茶人无私奉献的敬业精神，以敬畏历史的态度传承文明，以可持续发展的理念面向未来。注重建设区域性公用品牌，延长茶产业加工和消费链，以农业企业为龙头，以诸暨越红茶业协会为平台，联结广大茶农，构建利益共享机制，使茶产品像一根根血管一样，悄无声息地流进千家万户，串起一个个彼此相亲的茶人情缘，以"饮茶健康"的星星之火，燎原到广袤的茶叶消费群体，在实现茶产品消费属性从"解渴"向"保健"的跨越中，在"大健康"的时代背景下再创茶业经济的辉煌。

王家斌

资深茶叶专家
浙江省农业厅经济作物局原研究员
2017 年 7 月 26 日于杭州

传承历史 创新发展

（序三）

　　翻开诸暨的茶叶产销历史，最早见于由沈作宾、施宿在 1201 年所著的《会稽志》：会稽山之茶山茶，兰亭之花坞茶，诸暨之石笕岭茶。由嵇维筠、沈翼机在 1736 年著作的《浙江通志》中载：今诸暨各地所产茗叶，质厚味重，而对乳最良，每年采办入京岁销最盛。据史料记载，20 世纪 20—30 年代，茶叶已成为当时诸暨社会经济结构中唯一的农副产品出口物资，工夫红茶亦成为公众熟知的区域商品通用名称，风靡多年、经久不衰。

　　中华人民共和国成立后，受多重因素影响，中国茶叶总公司决定将浙江绍兴的平水珠茶改制红茶。在此背景下，经多方努力，诸暨成为全省"绿改红"的重点县，同时也孕育了位于全国十大红茶之列的"越红"品牌。

　　从诸暨的茶产业统计资料中可以看到，在以计划经济为背景的 20 世纪 60—70 年代，诸暨一直是越红工夫茶外贸出口的重点县，在 1975 年就成为全国 18 个年产 5 万担茶叶生产基地县之一，茶园面积和茶叶产量名列全国第 6。据统计，诸暨在 1950—1980 年的 30 年间，茶园面积从 1950 年的 18750 亩，增加到 1980 年的 88746 亩，增长 4 倍之多；茶叶产量从 1950 年的 7795 担，增加到 1980 年的 99034 担，增长 12 倍。这 30 年间共向国家投售商品茶 771159 担，合计创造社会产值 8062.54 万元（按当时价计算），成为社会经济发展中的支柱产业和外贸出口的骨干商品，这 30 年中，加工的产品全部为越红工夫红茶。

20世纪80年代，在茶叶生产体制上开始落实家庭联产承包责任制、在茶叶产销体制上实行市场放开和多渠道经营以后，诸暨综合利用产业资源优势，及时引进先进技术，与时俱进地应对千变万化的茶叶市场。具体措施是：以多茶类组合加工扩大消费，争取市场份额；以多渠道经营搞活市场流通，稳定销售网点，激活潜在市场；以多口岸贸易振兴传统产业，搞活外向型经济。利用当时外贸出口政策的灵活性和时效性，千方百计争取口岸公司计划外自主贸易的茶类和数量需求，组织乡镇茶加工越红工夫茶，提供广东等地区茶叶公司出口，为缓解茶叶产品滞销积压探索出破冰之路。在浙江省农业厅的支持下，引进红碎茶加工技术，在4家乡镇茶厂建立生产线定点加工，为大量的夏秋茶青叶资源利用寻找途径。这些经过付出辛勤劳动而积累的经验，对茶产业在新的历史条件下转型升级具有借鉴和参考价值，体现了诸暨茶产业在不同历史时期"产业有特色、工作有气色、成绩很出色"的行业形象。

建办于1917年的诸暨老字号茶企越江茶业（前身为永义茶栈），充满着传奇的色彩。创始人斯松贤和其他斯姓族人，以集资合股的形式建办了诸暨茶产业史上的第一家初精制茶厂，把诸暨的茶产品推向国内外市场。在抗日战争时期，已改名为大源茶栈的越江茶业，成为浙江茶叶运销合作分社的收购加工及仓储点之一。中国茶叶公司与苏联商务代表签订了易货协定，利用茶叶与苏联开展易货贸易，换回了大量的武器弹药，茶叶为抗战胜利做出了贡献，这里也包含着越江茶业所付出的一份艰辛。

中华人民共和国成立后，诸暨成为浙江省"绿改红"的重点区域。在此期间，越江茶业其产权归为集体所有，由孙辈斯根坤传承并负责管理，斯老担任斯宅联社红茶初制工场副主任。斯老悉心传艺带徒，业绩显著，1952年在诸暨县茶叶生产总结评模大会上，被评为全县"红茶生产模范暨先锋"，成为茶叶战线在1949年后的第一批先进工作者。

越红工夫第三代传承者杨思班，于2009年重组越江茶业，在上泉村投资建设越红工夫茶博物馆，越红工夫茶制作工艺被列入诸暨市第七批非物质文化遗产之一，通过法律程序解决对"越红"商标的争议，组建诸暨越红茶业协会，联结基础在一家一户的茶农，形成以"越红"为标志的千家万户的产业规模，使其成为具有市场影响力又可持续发展的区域品牌。

越江茶业在越红工夫制作工艺上攻坚克难、刻苦钻研、精益求精，我个人认为其产品是小叶种工夫红茶中的佼佼者。我曾到绍兴越江茶业有限公司考察过，在越红工夫制作过程中，他们既发挥了传统工艺的优势，又注入了现代元素的创新精神，像在发酵工艺上的恒温、恒湿、恒氧，是越红工夫加工在核心技术上的一项突破。越江茶业成为行业中的后起之秀。

今年5月份在杭州举办的中国国际茶叶博览会上，农业部提出了"加快茶产业结构调整，通过技术创新打造特色产品，制造个性化终端产品，提升核心竞争力"的意见，越江茶业的发展和越红工夫消费群体的扩大，将使诸暨茶产业供给侧的改革产生巨大的内生动力，大批夏秋茶青叶资源得到了充分利用，茶资源的加工链和茶产品的价值链得到了不断延伸，茶农的收入明显提高。

越江茶业，百年传奇；越红工夫，再创辉煌！

谢丰镐

茶叶加工专家

原商业部杭州茶叶加工研究所所长

2017 年 8 月 10 日于杭州

让"越红"飘逸出更加馥郁的茶香

（序四）

　　诸暨红茶早在编纂于 1672 年的《康熙县志》中就有记载：长茶圆茶即绿茶也，又有红茶、黄茶……运向外国。20 世纪初，诸暨茶叶在市场上闻名遐迩，《诸暨民报五周年纪念册》载：诸暨著产名茶有白毫和红芽两种。白毫叶姿呈灰白色，红芽叶厚呈红色，量少，自清代开始就作为贡品而献于朝廷。据考证，白毫即石笕茶，红芽即越红工夫茶。据《诸暨农业志》，1944 年，诸暨全县产茶 525 吨，其中红茶 100 吨。最近开馆的越红博物馆内，一台台老式结构的木质制茶机械，一本本不同历史时期的科普图书，一件件老似古董的茶具、茶器，一份份颜色泛黄的纸质文件，都在讲述着一个个诸暨茶文化故事。

　　中华人民共和国成立后，根据国家建设需要，诸暨成为浙江省"绿改红"示范县，在 3 年内全部改制完成，成立了全省第一家县级茶叶生产指导站。至 1955 年，全县拥有 109 家红茶初制所，是全省红茶产量增幅最大的基地县。由于诸暨的茶树品种以小叶种为主，制成的红茶条索紧细、色泽乌润，备受当时苏联市场的赞赏和欢迎。1958 年，为满足出口需要，中国茶叶总公司指令浙江省分公司，要求诸暨增加秋茶产量，并作为一项重要政治任务落实到茶区。诸暨当年完成了 35000 担红茶的投售任务，为当时的社会经济建设和出口贸易做出了历史性的贡献。农业部茶叶专家称诸暨人"顾全大局、敢想敢干、大胆创新、成绩突出"。当年由中国茶叶总公司拨款，经诸暨县人民委员会（即人民政府）批准，在原东溪乡山口村建成了浙江省初制规模最大的山口茶厂。该茶厂年加工量达到 5000 担，曾两次接待苏联专家的考察，是当时出口东欧的重点茶叶加工基地。

20 世纪 70 年代，随着茶园面积和茶叶产量的迅速增加，诸暨被列为全国 18 个年产 5 万担茶叶生产基地县之一。1976 年，全县茶叶产量超过 5 万担，1980 年超过 10 万担。为加快茶园适用技术的应用和推广，诸暨成立了全省第一家县级茶树病虫站；1978 年，扩建为诸暨县茶叶科技站。以四级农科网为服务平台，全县有 800 多支茶叶专业队共 12000 多名专业人员从事茶叶专业生产，宿风餐雨，活动于全县茶区，服务于生产现场，在错落有致的 10 多万亩茶园中，留下了他们的脚印和声音。"茶园为纸、汗水为墨"，他们把一篇篇生动务实的科技成果论文，真实地谱写在暨阳大地的绿水青山之中。这支曾经为"越红工夫香飘五洲"付出过辛勤劳动，做出过无私奉献的茶叶生产和科技队伍，其精神十分可贵。

"越红源诸暨"名副其实，"茶香飘五洲"名不虚传。在"越红"商标恢复其约定俗成的诸暨红茶的通用名称后，全国十大红茶品牌之一的"越红"在市场上重振雄风。越红博物馆的投资建设，也将在传承历史文脉和振兴茶业经济中，为实现茶文化的知识传递，增强人民群众对茶文化遗产的保护意识，凸显茶产业非遗文化的教育和科普性特征，起到积极作用。

诸暨千年的茶文化历史，给后辈留下了别具一格的宝贵遗产，这既是源于诸暨茶文化沃土的硕果，也是对诸暨茶文化自信的最好诠释。在茶文化的不断普及和发展中，厚积薄发产业优势，补齐共性短板，让诸暨茶叶飘逸出更加馥郁的芳香，将成为新时代茶人的历史使命和责任担当。

孟法明

诸暨市茶文化研究会会长

2017 年 11 月 28 日

目录

第三章 风云际会·各具轩轾

第一章

百年茶史·峥嵘岁月

越红
工夫茶

越江茶业与诸暨"百年茶史"

陈元良　斯根坤　杨思班

　　中国是茶的故乡。科研资料研究证明，茶在地球上生存已经有 6 万—7 万年的历史了。现今从北纬 45°以南、南纬 30°以北的 50 多个产茶国家中，其茶籽全部来自中国。

　　茶以作物属性输出国外是在公元 8 世纪的唐朝期间，日本最澄禅师和他的弟子空海，分别从中国带走了茶籽和制茶工具，把中国的种茶和制茶技术引进了日本。茶以商品属性走出国门，是在 9 世纪。851 年，北非有一位叫苏来曼的商人，写了一本名为《印度和中国纪实》的书，里面写道："有一草，作叶三状，其香亦高，唯其唯苦，水沸，冲饮之。"说明饮茶习俗已经开始传播到西域各国。茶以不同品类走进不同消费习俗的世界各地：1610 年红茶进入荷兰，1638 年红茶进入俄国；1648 年珠茶（绿茶）进入法国，1650 年红茶进入英国。1662 年，葡萄牙公主凯瑟琳嫁给英王查理二世，成为世界上第一位饮茶皇后，英国从原先一个咖啡王国现成为世界上的饮茶冠军，平均每人每年的茶消费量在 3 千克以上，占全年饮料消费量的 70%。英国的下午茶成为世界茶文化大观园中的一朵奇花异葩，英国红茶成为引领世界消费的知名品牌，至今地球上红茶消费群体还是保持在总人口的 60% 以上。1669 年，英国东印度公司在中国采购到了工夫红茶献给其皇后，博得了皇后的欢心，英国当年决定不再从荷兰进口茶叶，改由东印度公司直接经营。可以说红茶带动了世界茶叶的消费，在日常生活中促进了不同消费习俗的形成，日长月久，与饮茶爱好者结下了不解之缘。

　　红茶是一种发酵茶，在湿热条件下能够促进鲜叶中叶绿素分子所含的镁原子被氧原子置换变成红色。红茶加工从萎凋开始，继而揉捻、发酵，最后烘干，自始至终是茶叶中各种化学成分经一系列化学变化而生成化合物。在手工制作的时代背景下，加工中的所有环节都需要依靠感官及经验来判断和操作。萎凋过度色泽变黑、揉捻不足滋味不爽、发酵过度汤色变暗、烘干不当香气偏淡，每个工序都直接或间接地影响着产品的质量，也决定了这一制作工艺申报非物质文化遗产的价值所在。在绍兴越江茶业有限公司成立 100 周年之际，申报越红工夫茶制作工艺非物质文化遗产，投资建设越红博物馆，恢复振兴约定俗成的"越红"地方品牌，重树"千年古都·一品越红"的市场认知度和信任度，对复兴万里茶道、参与"一带一路"建设，提速茶产业供给侧结构性改革，矫正茶产业生产要素和价值链的扭曲有重要意义。这也将成为诸暨茶产业转型升级及跨越发展的重要标志。

· 越江茶业的诞生 ·

1898 年，由国学大师罗振玉主编、在上海发行的《农学报》上第 26 章《论茶》中写道："茶有绿茶、红茶，因制法而异，栽培方法则无差也。"这说明在 19 世纪末江浙一带已有红茶制造。有史料记载，斯宅千柱屋就是户主斯元儒用红茶换桐油而发家建造的。《暨阳上林斯氏宗谱》记载：翼圣公斯元儒，在浣东设有茶局，每年二、三月来县，居住浣东收茶，茶叶收购完毕，即封箱上舱，运至澉海，公即回山。这说明当时茶叶已经成为出口物资。

据《诸暨县志》(1911 年)，"邑茶之著者石笕岭茶，东白山茶、宣家山茶，日入柱山茶、五泄山茶、梓坞山茶"。《浙江通志》载："今诸暨各地所产茶叶质厚味重，而对乳最良……每年采办入京岁销最盛。"由赵烈编著、沈骏声发行、大东书局印刷、1931 年 8 月出版的《中国茶业问题》在记述绍兴平水茶区一节中，记载了在 1915 年，绍兴地区就已开始生产红茶。另由余绍宋编《重修浙江通志稿物产·茶叶》中写道："……本省所产之茶，大半为绿茶，红茶甚少。本省产红茶之地，仅有杭市、杭县、余姚、临安、长兴、武康、镇海、绍兴、诸暨、兰溪、永康、汤溪、开化、淳安、桐庐、寿昌、瑞安、平阳、泰顺、松阳、庆元二十一县，绿茶则各县有之。"这说明了诸暨在当时一直生产红茶，即越红工夫茶。

辛亥革命胜利后，在社会经济发展和外销通商的时代背景下，《诸暨县志·制茶》中记载：1917 年，永义茶栈在斯宅开业，后改名为"大生茶厂"。其永义茶栈即越江茶业的前身，由斯松贤和其他斯姓族人，以集资合股的形式筹建而成。

1936 年，永义茶栈与上海的忠信昌茶栈合作，出口国外市场。据《浙江省茶叶志》，1936 年上海与洋行交易的茶栈共 14 家，其中徽帮 5 家、平水帮 5 家、广帮 2 家、温平帮 1 家、杂帮 1 家，在这当中有 9 家与平水茶区的 93 家茶栈、茶厂有固定的购销关系。同永义茶栈合作

斯松贤（1884—1943），永义茶栈创建人

的忠信昌茶栈经理叫陈翙周，经营箱额 3321 箱，所落茶栈有春祥、永义 2 家。

1939 年 6 月，永义茶栈由中国茶叶公司接管，改名为"大生精制茶厂"。当时有技术人员指导遂安茶厂、淳安茶厂、开化茶厂，并树立全国精制厂网，奠定了国茶复兴基础。

1950 年后，茶厂收归集体所有，并交由斯松贤孙辈斯根坤负责管理。大生精制茶厂曾年产绿茶、红茶 3000 余担，产品主要销往美国、苏联等国。

·越江茶业在抗日战争时期所做出的贡献·

1938—1939 年，茶叶外销跃居出口农产品第一位，不仅超额履行对苏联易货合约，还获得了一定数额的外汇，换回了大量的武器弹药。诸暨是全省茶叶产销重点县之一，其间大生茶厂（大生精制茶厂）承担着茶叶加工、收储、复火和装箱的任务。

1942 年，抗战的烽火仍然笼罩着祖国的大地，以茶易物对抗战的支持作用愈来愈明显，茶叶生产和贸易的风险也在不断增加。中国茶叶公司浙江省分公司于当年 9 月做出决定，毛茶集中在嵊县设四处，即谷来、

中国茶叶公司浙江省分公司诸暨斯宅毛茶仓库储存及剩余材料清册

长乐、石磺、雅璜各设一处，先在绛霞入库，再转移到斯宅集中，因为斯宅大生精制茶厂仓库充裕，地界安全，设施配套齐全。

有资料报道，当时有一群土匪把守平水西渡口横溪一带，1941年10月21日，由于这群土匪作乱，有1万余箱茶叶需搬离仓库，其中有一批茶叶受潮急需处理。在此之际，斯宅大生精制茶厂对平水茶区收购装箱的受潮茶叶进行开箱复火，以保证茶叶贸易和商路畅通，支援前线抗日。当时绍兴、诸暨等地的茶叶，在宁波港可租用外国轮船运至香港，茶叶装箱集中在绍兴平水、诸暨斯宅和嵊县三界等地，以方便运输。

据档案记载，1940年5月7日，宁绍茶联会对斯宅大生精制茶厂山户毛茶成本核算进行了报道：地租25元/担，中耕施肥修灶费5元/担，采摘工14元/担，做工茶水饭菜3元/担，柴2元/担，工资13.2元/担，煤油0.7元/担；合计62.9元/担。返给茶农利润19.47元/每担，每担的核算成本是84.37元，装箱成本23.53元/箱。可见当时斯宅大生精制茶厂管理严密，核算精细，把茶农利益放在重点位置，坚持以大局为重，克服困难，为促进生产的发展而做到尽职尽责。

·越江茶业在社会经济发展中做出的成绩·

中华人民共和国成立后，我国消灭了半殖民地半封建的生产关系，再没有洋行茶栈及土豪劣绅、商业高利贷者剥削直接生产者，很快就建立了较完整的茶叶产销体制，迅速签订对苏联茶叶易货合同，组织茶叶加工。1951年，诸暨被列为浙江省第一批"绿改红"示范县，省里派出浙江红茶推广大队枫桥中队专门负责和指导改制工作，垦复荒芜茶园，扩大茶园面积。在枫桥赵家举办6期茶农培训班、培训茶农548人，建办红茶初制所30所、生产小组741个；同时开展技术创新，石马山初制所和东溪相泉初制所发明了木质人力单桶及双桶揉捻机，从此改变了脚踏、手揉等手工制茶方法；先后推广190台，极大地降低了劳动强度。1952年，诸暨全面改制红茶，成立诸暨县茶叶产销委员会，组建诸暨县茶叶指导站，全县红茶初制所增加到62所。已改名为"大生精制茶厂"的越江茶业，其产权收为集体所有，由第二代传承人斯根坤负责管理。由于业绩显著，在全县茶叶生产总结评模大会上，斯根坤被评为全县红茶生产模范暨先锋，成为在中华人民共和国成立后茶叶战线上的第一批先进工作者。1954年，诸暨召开全县茶农代表会议，贯彻落实浙江省人民政府提出的"长期打算、积极发展、稳定茶类、增加产量、提

1955年，农业经营体制从"互助组"向"合作社"转型。图为斯宅联社成立农民报名入社现场（摄于1955年3月）

20世纪50年代原城南茶场（后改为"东方红茶场"）的越红工夫初制车间（摄于1956年）

高品质"茶叶生产方针，斯宅第一农业生产合作社的斯荣照被评为县级劳动模范。当年由浙江省茶叶收购办事处编印的《收茶手册》中第二项规定：1954年度茶区生产茶类之划分，原名"越红、平红"改称"越红"。越红工夫由此名正言顺地进入全国十大红茶品牌的行列。

1956年，全县茶叶种植农户达到118055户，红茶初制所190所。同年2月，召开了由122人参加的全县茶叶生产代表大会，斯根坤作为斯宅联社代表出席会议。中国茶叶总公司浙江省分公司为实验红茶品质赶上国际水平，在诸暨山口和绍兴青坛两地建设红茶初制所，于1957年正式投产。1957年，全省收购红毛茶60124担，其中诸暨的越红为16530担，约占全省红茶收购量的三分之一。在此期间，斯宅联社红茶初制工场，春茶加工从4月19日开始到5月22日结束，历时34天。夏茶加工从6月2日开始至7月11日结束，历时40天，共加工春茶360.56担，夏茶261.41担，两季共622担，得到了县茶叶产销委员会的通报表彰。斯宅联社红茶初制工场由斯宅社、上泉社、西塘社、蔡义坞社及什村另户组成，实行统一管理。

斯宅是诸暨茶叶主产区，历届政府都非常重视茶叶生产。图为时任中共斯宅乡党委书记斯仲达（右二）在上泉村茶园指导茶园春季护理工作（摄于 1993 年 3 月）

　　1963 年，中央提出了"调整、巩固、充实、提高"的八字方针，全县播种茶籽 173000 斤，移植茶苗 100 多万株，缺株补植 5000 亩，新发展茶园 3500 亩。同时，国家实行奖励政策，及时发放生产补助款及茶叶预购定金，并提价收购，大大激发了茶农的生产积极性。全县建立集中成片专业化条播茶园 3379 亩，退出间作 3223 亩，斯宅成为全县老茶园改造试点。1971 年，全面贯彻执行"以粮为纲、多种经营、全面发展"的方针，全县茶园面积达到 41726 亩，茶叶产量突破 25000 担，超过 1957 年的产量水平。1972 年，随着全国茶叶会议精神的贯彻和落实，农商部门组织人员去绍兴上旺、杭州梅家坞等地参观学习，共达 2 万余人次。斯宅上泉大队被列为全县茶叶生产示范区，茶叶主产区配备专职技术干部和辅导员。到 1974 年，全县茶叶生产向"因地制宜、适当集中"方向发展，从此逐步改变了 20 世纪 60 年代茶叶生产的落后面貌，茶叶生产进入了一个新的发展时期。

　　1971—1981 年，全县共发展新茶园 6 万亩，1976 年全县茶叶产量

在计划经济时代，诸暨全县最多时有 28 个收茶站，打包后统一调拨给绍兴茶厂精制。图为运往绍兴的茶叶车辆（摄于 1975 年）

突破 5 万担（茶类品种全部是越红工夫），率先跨入全国 18 个 5 万担茶叶生产基地县行列。斯宅公社有 23 个大队 126 个生产队，至 1975 年底全公社拥有茶园面积 7014.27 亩，1975 年茶叶产量为 1725 担，在当时全县 84 个公社中排名第 7。1976 年，全大队茶叶产量突破 250 担，1978 年突破 300 担，在当时陈蔡区管辖的 6 个公社 86 个大队中名列首位，斯宅公社被列为全县重点产茶区。越江茶业在不同的历史时期，为诸暨茶产业的发展做出了显著成绩。

·越红茶业任重道远·

诸暨的红茶生产历史可追溯到 17 世纪，诸暨是越红工夫的发源地名副其实。大量的文献资料显示，大生茶厂的前身永义茶栈，由斯松贤和其斯姓族人集资合股筹建创办，成为诸暨茶叶外销装箱的集散地之一，为当时以茶叶易货、支援保家卫国付出了辛勤劳动和无私奉献。抗战时期装箱茶叶受潮，运到该茶厂复火加工就是一个有力的佐证。中华人民共和国成立后，该茶厂收归集体所有，由斯松贤孙辈斯根坤管理。正遇我国绿茶改制红茶的发展时期，第二代传承人斯根坤先生，不但为越红工夫加工技艺的推广而无私带徒献艺，而且也为社会经济建设做出了贡献，1952年被评为全县劳动模范的珍藏照片可以印证。现年逾耄耋之年的斯老，将越红工夫手工制作技艺传承给第三代传承人杨思班，而杨思班经过各方面的努力，最终形成了以"越红"为标志的千家万户规模，以加快茶产业供给侧改革的步伐而延长产业链，以市场需求调整茶类结构而提升价值链，围绕"发展农村经济，增加农民收入"这一主题，利用东白湖历史悠久的茶产业和茶文化资源，联结广大茶农，在茶产业的跨越式发展中尽职担当。

越红工夫发源的大生茶厂坐落在东白湖观光旅游区，越红诞生的山口茶厂地处赵家香榧森林公园，两处发源地古老而又典雅。在培育越红工夫地方区域公用品牌中，把它们连成一线，以"西施眼"和"西施恋"旅游线为载体，把历史踪迹和资料综合整理成一部演替脉络清楚而又清晰有序的诸暨百年茶史，借助地处全球重要农业文化遗产——会稽山香榧群的绿山青溪，利用万里茶道时空的广阔性、地域的连贯性、人文的包容性、商道的传承性，整合各种资源，促进农耕文化的交流和合作，唤醒沉睡资产，激活茶产业发展潜力，是一项"绿水青山就是金山银山"的实事和富民工程。

一个产业在走向现代时，其历史背景和产业现状是其中扮演的重要角色，在转型期间，产业现状成为重要的奠基。越红茶业的百年传奇与诸暨的百年茶业紧密联系在一起，在诸暨茶产业发展的每个转折时期，越红茶业都发挥了标志性和引领性的作用。

任何历史都是一部很好的教科书，只有真实地被敬畏和珍惜，才能获得丰硕的成果和良好的效果。相信越红工夫茶在新的时代背景下，将会翻开崭新的一页。

历史，在这里沉思

李才聪

1958年5月，苏联茶叶专家伊万诺娃等3位茶叶工作者考察诸暨山口茶厂，对诸暨的红茶品质大为赞赏。由此，中国茶叶总公司督促浙江省供销社增加诸暨红茶加工计划。为完成国家下达的计划任务，当时的枫桥公社东溪大队（即枫桥区东溪乡）向全县发出倡仪，诸暨县人民委员会特急通知，要求全县人民"狠抓九月关，秋茶超春茶"，在生产技术上宣传"茶叶越采越发"，结果由于过度采摘导致茶树衰败，茶园面貌一蹶不振，全县茶叶产量从1957年的2.039万担、茶园面积1.98万亩，到1961年锐减至产量1.2万担、茶园面积1.33万亩，一直到1968年才恢复到1957年的产量，造成了我县产茶历史"一年失误，三年减产，十六年翻身"的局面。

苏联茶叶专家伊万诺娃等3位茶叶工作者考察诸暨县山口茶厂（地处东溪乡山口村）。图为在加工车间参观（摄于1958年5月）

　　值得牢记的还有 1959 年的"茶叶片叶下山"。1959 年的隆冬季节，全县茶区还在轰轰烈烈地采摘茶叶，老叶嫩叶片叶不留，又组织农民用稻草覆盖茶树，促使第二年茶芽早发，但结果适得其反；1960 年茶园成片死亡，茶园面积和茶叶产量分别锐减 32% 和 27%。

为完成国家下达的计划任务，到 12 月时，男女老少还在采摘茶叶。图为西山乡三角道地茶场（摄于 1959 年）

　　历史的教训值得借鉴，种植业生产如果违背自然规律，人为地不切实际地盲目增加产量，最终将得不偿失。

　　值得追忆的是，对我们刚从学校走上工作岗位的年青干部，上级领导要求非常严格，除在生活上要艰苦朴素外，在工作上必须与贫下中农"同吃同住同劳动"，白天参加劳动，晚上参加生产队会议或整理材料；在所在区下乡工作，跟在区委领导后面，头戴草帽，脚穿草鞋，商谈工作都是在田头地角，有时候到下午一点钟还没有吃中饭，对当时还刚二十出头的我们年轻人来讲真是一种考验。同时这也体现了当时领导干部务实和艰苦朴素的工作作风。

　　1958 年，我们毕业于杭州农校茶叶专业，同年被分配到诸暨县林业特产局工作，然后到全县产茶大区牌头区和枫桥区担任茶叶技术员。如今，近 60 年的时光已逝去，在我们暮年之际，亲眼看到中国·浙江绿茶大会在我们诸暨召开，每天都能听到"茶叶强市"建设的喜讯，我们深感欣慰。愿诸暨茶叶事业兴旺发达，造福子孙后代。这是我们退休老人的深深祝愿！

60 多年前的一份"检讨书"

吕琰

中华人民共和国成立初期，我时任诸暨县茶叶指导站秘书，郑道禄同志任站长，当时县一级还尚未设立农业局一级机构，所以在业务和经费上都统一由浙江省人民政府农林厅特产局直接管理，每年的工作总结和财务收支情况直接上报农林厅特产局审核。

1953 年 3 月 27 日，我站将第一季度的开支预算上报省厅，其中有一项开支项目是安装电灯，需经费 20.45 万元（旧币，相当于人民币 20.45 元）。省厅考虑到当时国家的情况，社会经济尚未完全恢复，各项各业都需要资金，应该把有限的资金用到祖国建设更需要的地方，所以把这项费用删除，也就是不同意安装电灯。

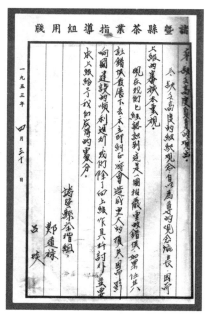 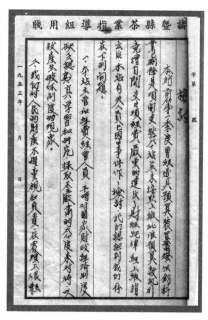

60 多年前的那份"检讨书"的影印件（摄于 2017 年 4 月）

批复下达后，我们考虑到在工作和生活上确实需要安装电灯，在煤油灯下办公实在不方便。经商量后决定先安装，经费在二季度报告中追加，来了一个"先斩后奏"。结果省厅发现后，严肃批评了我们这种做法，责令我们做出书面检查（详见上文原始影印件），待候处理。

这件事发生在60多年前，现在回忆起来，真是思绪万千。中国共产党以"武装斗争、党的建设、统一战线"三大法宝为武器，领导全国人民推翻了"帝国主义、封建主义和官僚资本主义"三座大山的压迫和统治，成立了中华人民共和国。安装电灯这件小事，充分体现了中国共产党在执政后政策的透明度和执行纪律的严肃性。

党的十八大以后，新一届领导班子提出抓作风建设从中央政治局做起，要求别人做到的自己首先要做到，要求别人不做的自己坚决不做，以良好的党风带动政风民风，真正赢得群众的信任和拥护。习近平总书记在参观《复兴之路》展览后做出的《国家好，民族好，大家才会好》的即席讲话，真诚朴实，把国家、民族与个人，昨天、今天和明天连在了一起，具有承前启后的强大穿透力，鼓舞全国人民在中国特色社会主义道路上为实现中华民族的伟大复兴而努力奋斗。如今再翻看这一纸"检讨"，对我们改进工作作风不无裨益。

反　思

周菲菲

　　1959 年 9 月，为满足苏联茶叶市场需求，诸暨县人民委员会发出特急通知，要求全县产茶区"秋茶超春茶"，克服一切困难，力争超额完成红茶加工任务，致使茶区片叶下山，老叶嫩叶一扫光，留下了一个"杀鸡取卵"的历史性教训。

　　当时的采茶工作在全县各地进行得轰轰烈烈，口号有"机关干部都下乡，男女老少齐上阵""大雪大雨不停工，小雪小雨做杂工"，掀起了一个茶叶生产的热潮。

　　历史已经走过了近 60 年的路程，只有用心去寻迹捡拾，才会发现其实历史是珍藏脚印的 U 盘，经验能使后人恍然大悟。教训真实地摆在后人面前，昭示再也不要重蹈覆辙。历史发展的基本线路离不了其间的过程，过程的连贯性、完整性构成一幅巨大的画面。在历史转折时期，往往受到当时背景的影响，看到历史局限性固然重要，但能在今天、在未来的历史中少点遗憾更为重要。

一张茶叶采摘照片

毛国雄

"队长一声喊妇女一大班；茶蓝一几甩钞票一大叠。"这是 20 世纪 70 年代诸暨山区发展茶叶生产的共同经验。图为红门公社下水阁大队（现陶朱街道）上百名采茶妇女在大队副业队茶场喜采春茶（1976 年 4 月 28 日，周保定摄）

当时我刚从舟山调回诸暨，对诸暨的情况还不太熟悉。我与陈元良同志一起，经实地踏勘和请示领导同意后，拟定在原三都区红门公社下水阁大队（现陶朱街道）茶园进行现场拍摄。邀请原诸暨县文化馆馆长周保定老师为摄影师，拍摄前同当地各级负责人，对参加采茶人员的政审、拍摄台、时间等事项逐一落实到位，经过近半个月的准备，于 1976 年 4 月 28 日留下了这张反映当时历史背景的珍贵照片。

枫桥茶业

袁国芳

　　我于 1969 年调到枫桥区供销社工作，翌年任采购商店经理兼茶叶收购站站长。当时这些供销部门，对"发展经济、保障供给"的工作重心是要牢牢把握的。茶叶是农村经济中的四大拳头产品之一，供销社又担负着毛茶收购和调拨的任务，茶叶生产管理和技术指导成为采购线的中心任务之一。枫桥供销社积极支援茶叶生产，曾在 1972 年全国茶叶会议上做典型经验介绍。这从侧面反映了枫桥区茶叶生产发展状况，也折射出茶叶在当时发展农村经济中所做出的贡献。

绍兴地区茶叶收购工作会议授奖单位合影（摄于 1978 年 3 月）

枫桥区老茶园改造典型

——原枫桥公社红星大队茶园

宣新富

　　原枫桥区是一个老茶区，老茶园比例大、单产低。从 1965 年开始，枫桥区有计划、有步骤地对老茶园进行分批改造。枫桥区农业技术推广站会同枫桥区供销社，在枫桥公社红星大队（现彩仙村）的 8 亩老茶园中，采用树冠台刈、茶地深耕、施足基肥（农家肥和菜饼）、修剪定型、合理采摘等技术措施，1968 年亩产达到 1.8 担，1969 年达到 2.5 担，1970 年达到 3.7 担的高产。利用这个典型，茶叶技术和收购部门，积极组织茶叶专业队参观学习。1968—1972 年，全区近 5000 亩老茶园得到了分批改造和复壮更新，有力地推动了枫桥区茶叶生产的发展。1970

枫桥区老茶园改造典型——原枫桥公社红星大队茶园（1975 年 3 月，白堃元摄）

年全区向国家上缴干茶 5350 担，比 1969 年增长 30%。

1975 年 3 月，浙江省茶树植保联系点第五次会议在枫桥召开，与会代表参观了红星大队老茶园改造的面貌，并由中国农科院茶叶研究所白堃元老师，给我们全区茶叶技术辅导员摄下了这一张茶园"盛宴"的照片。

20 世纪 70 年代的"建站组网"

陈元良

　　1974 年 4 月，我去诸暨县林业特产局报到。当时交给我的任务是去西山东方红茶场筹建诸暨县茶树病虫测报站。县一级的茶树病虫测报站还未有先例，局里希望我克服困难，努力工作，不要辜负组织上对我的期望。随即我就挑了一头是一只观察病虫害的双筒解剖镜，一头是铺盖的担子，在东方红茶场的一间平房里，开始了我的茶叶技术工作生涯，也成了一个周游全县茶区的"柯虫佬"。

　　在 1970 年以前，茶叶采摘是"一脚踏、一把捋、一扫光"。春夏茶基本上片叶下山，在这样一个生态环境中，许多有害生物在茶园里无法

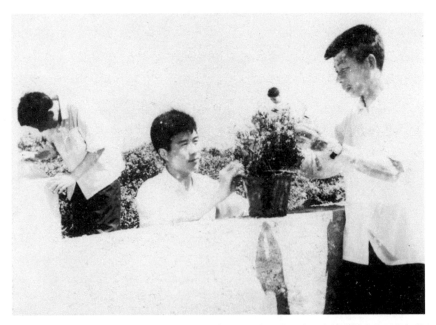

陈元良（中）与毛国雄（右）、楼伯寿（左）在一起检点虫数，为印发《茶树病虫预报》提供数据（摄于 1978 年 5 月）

当时用钢板、蜡纸刻印的《茶树病虫预报》(摄于 2014 年 3 月)

生存，茶树病虫害暂时也没有提到议事日程上。1970 年以后，茶叶生产发展步伐加快，逐步推广"留养采摘、采养结合"的采摘技术。茶园内"绿叶指数"开始上升，面貌焕然一新，同时一些食叶（如茶尺蠖、茶毛虫、卷叶蛾、刺蛾类）和吸汁（如长白蚧、小绿叶蝉、茶叶螨类）等害虫在茶园内迅速繁殖危害茶树，给茶叶的优质高产带来严重影响。为正确掌握不同区域内优势虫种的发生规律，及时采取防治措施，浙江省农业厅委托中国农科院茶叶研究所建立了浙江省茶树植保联系点，定期向全省茶区发送虫情预报。为形成一个上下互通情报的茶树病虫测报网络，诸暨县建立了全省第一个县级茶树病虫专业测报站。

当时的工作条件非常艰苦，设备只有一台解剖镜、几根试管和几只养虫笼。睡的床是用竹扎编的，连观察虫情的一张工作台也是用一块旧木板，下面垫了几块砖头。为摸清我县茶区病虫害分布现状和发生动态，领导指示在全县共设 13 个茶树植保联系点，每点确定一名专职植保员，定期汇总阶段性病虫害发生情况，并根据室内饲养观察的数据，每个月发一期虫情预报至全县各个副业队，每期发放量在 1300 份左右。通过"建站组网"，在实践中摸索病虫害发生规律，这对指导生产防治、减少病虫危害所造成的损失起到了明显作用。1975 年 3 月，浙江省第五次茶树植保联系点会议在我县枫桥旅馆召开，全省 105 名代表参加了会议，并参观了省茶叶生产先进单位栎江公社乔亭大队林场（现为同德农庄）和枫桥公社枫溪大队的茶园。诸暨"建站组网"的经验在全省推广后，至 1979 年，全省县级茶树病虫测报站达到 36 个，这在茶叶生产发展史上也是不可忘记的一页。

诸暨第一支茶树植保专业队伍

陈元良

20世纪70年代，全县10个区87个公社，1274个生产大队，95%以上都种植茶叶，茶叶成为当时农业生产四大支柱产业（即粮食、生猪、蚕桑、茶叶）之一。为有效地控制茶园病虫害发生，减少经济损失，1974年4月，诸暨建立了全省第一个县级茶树病虫专业测报站，并在全县茶区选择不同地域、不同地块、不同茶树品种的13个大队茶园作为茶树植保联系，形成一个"建站组网，多点结合"的茶树病虫测报和防治体系，对当时主管部门提出的"发展茶叶生产，力争量多质优"的目标任务起到了促进作用。

经过20世纪60代末至70年代初各项措施的推动，全县茶园面积已有4万余亩，年茶叶产量达到3万多担，特别是在"大干苦干、辟山种茶""发扬愚公移山精神、向荒山要茶"等口号的感召下，山区茶园面积增长较快，同时逐步改变了"一把捋、一脚踏、一扫光"的采茶习惯，茶园内绿叶指数明显增加，茶树病虫害优势种群出现了演替，"以防为主、综合防治"成为茶叶生产过程中的主要措施。

县级茶树病虫测报站和茶树植保联系点建立后，具体的工作步骤是：

第一，开展全县茶树病虫害种类普查，明确不同地域发生的优势虫种，建立起能真实反映全县茶树病虫害分布和活动规律的虫情档案。

第二，对茶树植保联系点的植保员进行业务培训，掌握主要病虫害的生活习性、形态特征及防治方法。像肉眼难以辨明的茶叶螨类、长白蚧等害虫，则在双筒解剖镜下指导基层植保员提高识别能力，掌握其在本地区的发展动态及防治技术。

第三，田间调查与室内饲养相结合。田间以掌握本地区发生的优势虫种为主，室内以分析危害高峰来确定防治适期。分期向茶区发送《茶树病虫预报》。例如，当时发生比较普遍的长白蚧，室内观察预报的高峰后 5—7 天，即为田间防治的适期，按照基层植保员的经验总结是"措施用在刀口上"。

第四，以县茶树植保联系点为示范，对全县产茶大队的茶树植保员进行分期培训。1975 年 5—7 月，我们利用 3 个月的时间，对全县 10 个区的产茶大队茶农普遍进行了一次植保技术培训。当时交通和通信条件都比较差，我们用扁担挑着茶树病虫害挂图、双筒解剖镜、病虫害标本周游全县，在实地采取"先讲课、看标本、茶园查"的方法。这在很大程度上提高了基层植保员的实际工作能力，对茶叶生产的发展起到了推动作用。

散发着油墨清香的《茶树病虫预报》

祝金鑫

1974年，诸暨建立了浙江省第一个县级专业茶树病虫测报站。根据工作需要，1975年组织上安排我到测报站工作，后又调市农机推广中心从事农业病虫测报工作直至退休。回顾往事，在县茶树病虫测报站工作的5年经历仍历历在目。

1. 建立茶树植保联系点，汇总全县虫情信息

1973年，诸暨全县茶园面积已经有6万亩以上，年茶叶产量达到了3万多担，是越红工夫红茶的重点外贸出口基地县。20世纪60年代初，由于生产力的低下，茶园中的病虫害防治一般以农业防治为主，不使用化学农药。从60年代中期开始，茶园中的优势虫种出现演替，体型由大转向小，口器由咀嚼式转为刺吸式，尤其是长白蚧、小绿叶蝉、茶叶螨类害虫在茶园中发生蔓延后，给茶树生长和产量造成直接影响和威胁。当时在大田中使用了一些有机氯高残毒农药后，虽然对防治农田中的主要害虫起到了明显作用，但影响了生态平衡，还使害虫出现抗药性和交互抗性。茶园中病虫害发生具有显著的地域性和特殊性，施药间隔直接关系到鲜叶采摘的时间，在生产中采茶季节性强。由此，开展茶树病虫预测预报必须要提到农业技术部门的议事日程。

中国农科院茶叶研究所受浙江省农业厅委托，1971年在全省重点产茶区设立测报联系点，定期向茶区发放虫情预报，收到了很好的效果。我县当时的茶叶主管部门是林业特产局。局领导小组在认真研究分析和广泛讨论的基础上，决定在原由牌头区所辖的西山东方红茶场建立诸暨县茶树病虫测报站，在全县10个区设立13个茶树植保联系点，配备固定专职植保员，在生产季节每星期一次，非生产季节每半个月一次，统一向县测报站书面汇报虫情。县测报站根据各地的病虫发生动态，按照不同季节和不同时段发生的主要病虫害，结合室内饲养的观察数据，分

在西山东方红茶场开展农药生物防治试验（摄于1976年6月）

析在田间调查的虫口基数及发生动态，综合各种数据和资料，不定期向全县茶区印发《茶树病虫预报》。

田间病虫发生优势虫种和虫口面度是提出防治措施的重要依据。受茶园海拔高度、茶园区位朝向、茶树品种及长势等自然因素的影响，茶园病虫发生动态呈现明显的差异性和不可预计性。如果受到突发性天气变化的干扰，病虫害发生趋势的多变性就会增加。因此，我们在具体工作中严格掌握以点为代表性、深入茶区田间调查为广泛性，按季节特点抓住重点各个击破，在实际生产中收到了较好的效果，有力地推动了当时茶叶生产的发展和茶叶产量的提高。1975年，省农业厅在我县枫桥区召开浙江省第五次茶树植保联系点会议，把我县"建站组网"、在实践中摸索病虫害发生规律的经验在全省推广。

2. 开展昆虫室内饲养，积累病虫发生资料

茶园中发生的害虫有300多种，病害有100多种，在大田中形成阶段性优势虫种的发生规律。我县咀嚼式害虫以茶尺蠖、茶毛虫、卷叶蛾、蓑蛾类为主，刺吸式害虫以长白蚧、黑刺粉虱、小绿叶蝉、茶叶螨类为主；病害以茶云纹叶枯病、轮斑病为主，受到小气候条件和虫口越冬基数的影响，发生动态呈多样性和交叉性。像茶叶螨类，在我县发生普遍的有3种虫类：春茶季节以茶橙瘿螨发生为主、夏茶季节以茶叶瘿螨为

主、秋茶季节以茶短须螨发生为主；多雨季节对茶叶瘿螨发生有利、时晴时雨对茶橙瘿螨发生有利、干旱季节对短须螨发生有利。在这复杂多变的茶园病虫发生区系中，我们通过室内饲养观察，以日气象要素为依据，参考积累的历史资料，提出时段性主要病虫的防治适期和措施。

室内饲养观察资料与指导实际生产防治关系密切。像长白蚧，是一种吸附在茶树树杆和成叶上的介壳虫，幼虫孵化后固定一处吸汁为害，同时分泌蜡汁结壳，幼虫到三龄后形成一种似葫芦状的介壳，药液很难进入虫体，所以必须在幼虫孵化盛期喷药防治，否则直接影响防治效果。我们在幼虫孵化前一星期，把有虫体的枝干剪取，在室内用玻璃管记载观察，称作"玻管预测法"。等到玻管内70%幼虫孵化时，就要向茶区发送虫情预报，把田间防治适期设定在室内孵化高峰后的7—10天内，这一技术对指导生产防治作用明显。

在室内饲养的实践中，我们自制茶树病虫害标本120套，绘病虫挂图75幅。在全县植保技术培训中，通过现场辅导，让基层植保员在双筒解剖镜中观察虫体，在标本中了解各种病虫的生活习性，在挂图中了解防治要点，从而提高他们的病虫害识别能力和防治技术。经过连续观察记载，我们在室内饲养发现的茶树新虫种——碧蛾蜡蝉，被列入高等教育教材《茶树病虫害防治》一书。总结撰写的《小绿叶蝉的测报与防治》，刊登在由中国农科院茶叶研究所主办的《茶叶科技简报》1977年第10期上。

3. 印发虫情预报，指导生产防治

20世纪70年代，诸暨全县有10个行政区、87个公社、172个大队、10个区级农业技术推广站和供销社、71个供销分社和42个茶叶收耕站，还有分布在重点产茶区的45名茶叶技术辅导员，每期虫情预报总数在1500份左右。

当时的工作条件很艰苦，昆虫饲养、标本制作、绘制挂图与住宿都在那么一个小房间，而且阴暗潮湿，睡的床是用毛竹编的竹榻，办公用具是一块木板、铁笔、钢板、油墨和刷帚。这些物品和远去的记忆，如今不为年轻人所知晓，但上了年岁的人对此都有着鲜活的记忆。

当年在钢板上刻蜡纸，可不是一件容易的事。半透明的蜡纸比一般的书写纸还要薄，下面垫着有非常细密的花纹、如同钢锉一样的钢板，再用像尖头一样的铁笔在蜡纸上刻字。由于蜡纸薄如蝉翼，用力轻的话蜡层刻不掉，油墨透不过，印出的预报字迹模糊不清；用力过大就会将蜡纸刻破，整张蜡纸就会报废。因此，刻字的时候必须小心翼翼、一笔一画都要用力均匀，甚至有时候要屏住呼吸，生怕一旦出现失误就会前功尽弃。经历过那段岁月的人，都深知当时昏暗灯光下伏案运笔的艰辛。在刻字时最讨厌的是不小心刻错字，后来向别人讨教，原来刻错字后用点燃的烟头在蜡纸上轻轻烘烤，纸面上的蜡油受热熔化待冷却后，又可校正继续刻写。所以，在刻字时旁边放上一盒火柴备用，也成为工作中的一种常态。

一期要印 1500 份左右，一般一张蜡纸印 300 份左右后，蜡纸就会破裂，因此一期预报同样要刻 5 张蜡纸。手工印刷时间需要一整天，晚上就在暗灯下书写信封分装，整个房间散发着油墨的清香，第二天骑自行车送到邮局，再由邮局寄送到各地。

今天看来，这些油印资料既粗糙又简陋，和现在电脑排版印刷的资料不可同日而语。但当我翻开那时用钢板、铁笔、油墨印刷的《茶树病虫预报》，那些温暖的文字则会又一次打开我尘封的心门，用钢板铁笔刻字的记忆及文字留下的温度，就让我们这代人浸润其中，深深留恋。那熟悉的油墨清香，回味无穷，在茶叶史册上留下了永不消逝的韵味。

改革开放后的诸暨茶业

丁清平

　　20 世纪 80 年代初，改革开放的热潮一浪高过一浪，表现在茶产业上则是从 1982 年开始全面实行家庭联产承包责任制以后，诸暨 12.6 万亩茶园先后以分户承包、专业户承包、副业队集体承包的形式逐步推进。随着生产经营方式的转变，接踵而来的是茶类结构的调整，由国家指令性计划转变为按市场需求组织生产。1984 年，国务院发出文件，宣布茶叶市场放开，实行计划经济指导下的多渠道经营。在这一历史背景下，诸暨茶业呈现了三大特征。

　　1. 乡镇精制茶厂建设异军突起。新政策出台后，重点产茶乡镇诸家峰起，争相批建乡镇茶厂，甚至在时任县计委主任许法琛的办公室门口排起了长队。1983—1986 年，从牌头区东方红茶场首家乡镇茶厂获批开始，诸暨乡镇精制茶厂达到 37 家，分布在各茶叶产区。乡镇茶厂由于从鲜叶原料直接加工到产品，中间流通环节大幅度减少，产品上市提前，生产成本降低，与其他类型茶厂相比，具有明显的比较优势。乡镇精制茶厂不但在"四个轮子一起转、乡镇企业促翻番"的社会经济发展时期挑起了重担，而且吸纳了大量的农村劳动力，同时也给走南闯北的商人提供了创业机会，把诸暨的茶叶产品推销到大江南北。生产关系的转变，有力地促进了茶产业的提速发展。1986 年，诸暨茶叶产量达到 15.06 万担，产值 4570 万元，创造国家税收 505 万元，在诸暨茶产业史上写下了浓墨重彩的一笔。

　　2. 种茶致富典型层出不穷。茶叶消费的庞大市场决定了产品的流通价值。借着改革开放的东风，一大批敢拼敢干之人发扬"走遍千山万水、吃尽千辛万苦、讲尽千言万语、想尽千方百计"的"四千"精神，把诸暨大批的茶叶产品推销到全国各地，不仅促进了城乡交流，帮助农民增加收入，更重要的是有效促进了社会经济的发展。在 1984 年的一

茶叶分户承包后，茶农在承包园上修剪茶树（摄于1983年3月）

次茶叶产销会议上，有原高湖乡汤家店村的一位农民，把原县土产公司销售价每斤0.78元的级外珠茶，坐火车到山东济南摆摊销售，每斤销售价达到20元，几乎是一夜间成为万元户，在市场经济的浪潮中掘到了自己的第一桶金。

原三都乡庄林承包32.5亩茶园，当年收益超万元，成为全县落实家庭承包责任制后的第一位种茶致富标兵（原县林业特产局茶叶股珍藏照片，摄于1983年11月）

3. 名优茶开发方兴未艾。从1979年开始，原县林业特产局就开始组织科技人员研究恢复浙江省首届名茶评比会上，石笕茶被评为浙江省首届十四大名茶之一。著名评茶专家、中国农科院茶叶研究会所研究员俞寿康先生对石笕茶的评语是"貌似西施秀美、质似王冕清高、烘炒璧玉结合、别出一格其窍"。借助发展"一优两高"农业的时代背景，又相继开发西施银芽、五泄毛峰、榧香玉露、天龙红梅等名茶。这些名茶不但地方风味浓厚，而且彰显西施文化特色。名茶的开发既扩大了诸暨茶产品知名度，对拓宽消费渠道起到了推动作用，引来了全国第一家茶综合利用基地建设项目，同时得到了国家资金扶持，使我市农业科技基础设施焕然一新，跃入全省振兴农业县（市）的先进行列。

历史的发展总是在曲折中前进，市场经济容不得半点虚伪和骄傲。在茶产业蓬勃兴旺的大好形势下，潜在问题也日渐暴露。从 20 世纪 90 年代开始，表现比较突出的产业发展桎梏是：

——我市以内销茶产品为主，目标市场在国内，全国产茶区都在争夺国内市场，形成了激烈的竞争，竞争的结果是价格下滑。随行就市的市场交易形态，在缺乏产品创新的背景下，面临的考验是价格与成本倒挂，在生产成本不断攀升而价格停滞不前甚至下跌的市场行情下，茶叶产销形势从活跃到低迷。此外，国家当时采取茶叶经营外销内销"双轨制"政策，即外销茶实行配额制度，可享受到特殊补贴，内销茶彻底放开，由市场来调节。市政府计划在"外向型经济"的政策背景下调解茶类结构，增加外销茶比例，但已为时晚矣，给我市茶产业造成巨大冲击。

——由于茶产品出现滞销，茶产业生产单位和经营企业互相之间"三角债"关系交错，种茶的农民失去了信心，致使弃园不采、茶园荒芜、肥培管理和病虫防治严重缺位，产业先天不足的局面失控。在成立 15 周年之际，规模名列全省第 4 的诸暨茶厂偃旗息鼓，资产转让、职工分流或提前退休，上千万元的机械设备变成一堆废铁；乡镇茶厂也在竞争中陆续关、停、并、转，我市的茶产业跌入历史的低谷。

——以石笕茶为代表的名优茶，由于缺乏"三个结合"（即名优茶价格与消费群体能力的结合，名优茶功能与人体保健的结合，名优茶特征与地域文化的结合），在样品、荣誉、奖状中徘徊，商品化步伐缓慢。更令人痛心的是，一边是茶叶产区农民质量意识淡薄、粗制滥造，消费者批评日趋严厉，石笕茶在市场上质量失信，急需市场信息和技术服务。

另一边是科技人员下岗分流，技术服务部门只拿70%的工资，靠创办经济实体去养活自己，连召开一次专业会议的经费都无法落实，这在茶产业的发展史上也实为罕见。

历史已进入到1997年，中央提出了"扶持农业农产化"的政策意见，这给振兴我市的茶产业迎来新的发展机遇。领导班子在充分调研基础上，召开各种座谈会分析研究，提出了我市茶产业的转型发展思路，即"扶龙头、推良种、抓改造"。我市茶产业在新时期的发展中，也正是按照这三项措施，在转型的轨道上按部就班、在升级的措施中各个击破，具体表现在：

首先是培育壮大茶产业龙头企业，引领和带动茶产业的发展。绿剑茶是我市的名茶新秀，产品很受当时市场的青睐，市政府从1999年开始，每年都组织参加上海国际茶文化博览会，既推介产品，又扩大诸暨茶产品在市场上的知名度，并扶持在同山镇新建绿剑科技园，集茶生产加工和文化于一体，成立了全市首个农民农业合作社，连续两届被评为浙江省十大名茶之一。在龙头企业的带动下，使我市的茶产业在认真总结经验和教训的基础上，抓住重点、攻坚克难，以提高产品质量为中心，

时任市委常委、副市长孟法明（中）在茶园听取职能部门的汇报（摄于1999年8月）

马剑镇茶农在种植良种茶（摄于 2003 年）

促进了一批地方茶叶品牌的培育和农民专业合作社的诞生。截止 2014 年底，全市有茶叶注册商标 38 个，产业农民专业合作社组织 43 家。在提高茶业产品化、农民组织化程度上迈开了新的步伐。

其次是大力推广茶树良种。在 1999 年底前，全市茶树良种率只有 20%。从 2000 年开始，市政府连续出台扶持政策，积极争取专项资金，至 2014 年底全市茶树良种率在 70% 以上，分别在 2005 年、2009 年、2013 年被评为全省茶树良种推广先进县（市）。茶树良种的推广，有效地推进了我市茶产业的转型升级，名优茶产量逐年增加，附加值提高，产品质量明显改善。2010 年，十里坪有机茶园成为全省首届"农业两区"建设现场会参观示范点。

再次是分期分批改造初制茶厂和老茶园。初制茶厂是一头联结农民、一头联结市场的纽带，直接影响农民的收入和产品的销售。从 21 世纪初开始，市政府采取了一系列的扶持政策，支持初制茶厂的改造和升级，尤其是市政发〔2009〕78 号文件出台后，每年给予财政扶持 500 万元，加大了对初制茶厂改造的扶持力度，全省 197 家初制厂已改造完成，累计改造低产茶园、老茶园近万亩，为我市茶产业的可持续发展奠定了基础。

历史延绵，薪火相传；茶因其功能特征，永远是一个朝阳产业，其发展也永远在路上。与时俱进地把握发展机遇，循序渐进地转型升级，让诸暨茶产业在消费形态上从"解渴饮料"向"健康饮料"的转型升级中，充分发挥自身优势，借助"茶科技"和"茶文化"两只翅膀的强劲支撑，健康发展，在实现"四个全面"中，让茶产业发挥更大的作用。

20世纪80年代的诸暨茶业

陈元良

1981年，按照中央统一部署，在农村全面推行落实家庭联产承包责任制。诸暨10多万亩茶园由原来几千个副业队及生产队种植的经营模式，至1983年已有75%的茶园分户承包经营。1984年，国务院出台了国发〔1984〕81号文件，放开茶叶市场，除出口茶叶外，由原来计划经济框架下的单一渠道经营，改为市场经济条件下的多渠道经营，允许茶叶产品在市场上自由流通，允许符合条件的乡镇兴办精制茶厂。这两项政策的出台，一举改变了茶叶产销独家垄断经营和利益分配不公的传统格局。首先是茶产品的自由流通，给社会上的能人提供了创业的机会。茶产品的特点是"地区、季节、等级"差价明显，一部分能人在"踏遍千山万水，想尽千方百计，讲尽千言万语，吃尽千辛万苦"中掘到了其在市场经济条件下的第一桶金。

其次是毛茶到精制加工成品后溢价

时任绍兴市副市长陈章方在绍兴农校做专题报告，勉励同学们学好本领，为振兴祖国的农业发展做贡献（摄于1983年12月）

明显，当时有一句歌谣是这样讲的："外贸部门吃火腿，出差飞机加外汇；商业部门吃鸡腿，进口轿车大楼盖；农业部门跑断腿，头向黄泥背朝天。"这说明了当时茶叶产销体制中存在着利益分配的扭曲失衡的问题。外贸部门掌控着出口配额（当时茶叶出口需相应配额），商业部门掌控着毛茶收购调拨权（手续费为5%—7%），垄断着茶叶精加工和成品销售的环节。这道闸门一打开，对乡镇尤其是茶叶主产区的诱惑是很大的。从1984年下半年批准原牌头区东方红茶场第一家精制茶厂开始，至1985年底全县兴建了规模不等的39家乡镇精制茶厂。

再次，茶叶是季节性强的经济作物，生产加工和收购峰期集中。茶叶精制加工的经营主体增加后，相继而来的问题是原料竞争和价格杠杆摇摆。个别经营单位为保证收到上中档原料，在收购中故意哄抬价格而囤积居奇，作为加工龙头的诸暨茶厂面临"巧妇难为无米之炊"的风险。在生产中过度采摘、质量下滑、初加工时偷工减料等直接影响产品质量的弊端开始暴露。摆在茶产业面前的问题，一是在机制上如何保护生产者的积极性；二是在技术上如何保证产品的质量；三是在管理上如何维护市场信誉。在深入调查研究的基础上，领导班子围绕"茶叶市场放开后如何管理、如何保持茶叶税收稳定增长、如何保护农民收入的增加"这一主题展开了深入分析和研究讨论，会议拟定了"放管结合、政策配套、平衡税收杠杆、整顿市场秩序、保护农民增收"的茶叶产销管理方式，在具体工作中采取了三项措施：

第一，进一步落实计划经济指导下的多渠道经营方针。县政府成立茶叶产销协调小组，统一协调和管理全县的茶叶产销工作，定期向县委、县政府汇报，及时解决茶叶产销工作中出现的问题。按照"保主渠道，扶多渠道"的原则，通过县政府发文，把全年的干茶收购和精制加工明细计划，落实到各家茶厂，对收青制干的茶厂确定基段，余缺调剂；初制毛茶由县供销社委托基层收茶站收购；为节约运输成本，实行就近调拨；收购质量以省供销社颁发的毛茶收购样为标准，出现异议提请县茶叶产销协调小组仲裁。对不执行县政府文件要求，擅自设点收购毛茶、盲目哄抬价格的现象，由工商收购和物价部门做出相应处理。经过1986年春茶收购期间的整顿，茶叶产销秩序得到明显好转，诸暨茶厂的加工原料不但在数量上得到保证，而且毛茶质量也有明显提高。在市场的引领和刺激下，全县茶叶产销形势出现喜人的局面。1986年，全县茶叶产量达到156700担，比1985年增加11%，全县茶叶产值达到3500万元（按当时不变价），也是诸暨茶史上产量最高的一年。

第二，整顿乡镇茶厂，实行税收包干。乡镇茶厂的发展，对当时"四个轮子一起转、乡镇企业促翻播"的经济格局所起到的作用是明显的。重要的是吸纳了农村一大批劳动力，为社会经济的发展提供了就业机会。但在发展中潜伏的问题也日趋凸显，表现严重的，一是质量管理不到位，直接影响到产品质量和市场信誉；二是财务管理缺位，纳税意识淡薄。茶叶作为当时的四大农业经济支柱之中的骨干，又是一种高税农产品，担负着全县财政收入的重担，任何一级领导都不会对其掉以轻心。对乡镇茶厂在经营中出现的偷税漏税现象，相关部门及时向县委、县府做了汇报，经县茶叶产销协调小组调研论证后，县政府出台了乡镇茶厂对茶叶税收"确定基数、超额分成、全年核算、年终兑现"税收政策。这一政策在当时的历史背景下，应该说是大胆而又有风险的。时任县委常委、常务副县长方培根同志在一次会议上说："我们政府是冒着

20世纪80年代初的茶叶初制厂（摄于1980年5月）

'丢乌纱帽'的风险，希望各茶叶经营单位充分用好这一政策。"这一政策实施后，全县税收秩序得到了治理和改善。乡镇茶厂照章纳税自觉性明显提高。1986 年，全县茶叶税收达到 505 万元（按当时不变价计算），创全县茶叶税收新高。乡镇茶厂把税收超额分成的返还资金，一部分用作技术改造，一部分作为相关有贡献人员的奖励。有几位靠茶叶经营发家致富的社会"能人"，对这一政策至今仍是感激不尽、终身难忘。

第三，恢复传统名茶，开展综合利用。越产之擅名者——诸暨石笕茶历史悠久，植根于东白山——诸暨茶文化源远流长。传统名茶石笕茶得到恢复创新后，1984 年被评为浙江省首届十四大名茶之一；为纪念西施殿重建的西施银芽名茶，1989 年诸暨被评为部级名茶。在领导的重视和关心下，诸暨茶产业在行业内的知名度不断提高。1990 年，诸暨被列为全国第一家茶综合利用基地，同时得到了国家政策的专项资金扶持，为诸暨茶产业的健康发展起到了推动作用。

在茶产品从一般的"解渴饮料"向天然的"保健饮料"转型的新时期，重温 20 世纪 80 年代的茶产业历史，相信对"聚集发展、补齐短板"具有启发和借鉴意义。相信茶界同仁对目前茶产业中普通存在的"产品同质化竞争，原料低端化利用"的现状，一定会进行深层次的思考。

转型升级中的诸暨茶业

李建华

诸暨种茶已有 1800 多年的历史，按茶园面积和茶叶产量划分，是位列全国第五、浙江第四的茶叶主产区。诸暨的自然地理条件适宜茶树种植，产品质量上乘。经暨阳儿女祖辈辈劳动人民的辛勤耕耘，诸暨茶业已经成为一支具有地方区域特色的农产品支柱产业，而茶则是助力农民走上小康生活的经济作物。8700 公顷的茶园错落有致地分布在西施故里的低山丘谷之中，既能美化农村环境，发展乡村旅游，陶冶人们情操，又能帮助广大农民增收致富。

1984 年，诸暨石笕名茶已被评为浙江省首批十四大名茶之一（具体拍摄日期不详）

·历史上的踪迹·

抚今思昔，从宋朝高似孙所著的《剡录》中"越产之擅名者，有会稽之曰铸茶、山阴之卧龙茶、诸暨之石笕岭茶……"开始记载，到明代《隆庆诸暨县志》所载"茶产东白山者佳，今充贡，明朝岁进新芽肆斤"，可以看出诸暨茶叶既有悠久的产销历史，又有闻名遐迩的质量信誉。尤其是 1980 年石笕茶恢复创新后，1981—1983 年连续 3 年被评为浙江省优质名茶，1984 年被评为浙江省首批十四大名茶之一。中国茶叶资深专家、浙江大学茶系教授张堂恒先生亲自为诸暨石笕名茶题字。2000

中国茶叶资深专家、浙江大学茶学系教授张堂恒先生为诸暨石笕名茶题字（摄于 1986 年 1 月）

年，我市被认定为中国无公害茶叶之乡。"绿剑茶"连续两届被评为浙江省十大名茶之一。2007 年，在第二届浙江绿茶博览会上，绿剑茶、西子丽人茶获博览会金奖。2003 年、2006 年、2008 年、2010 年诸暨均被评为浙江省茶树良种推广先进县（市）。2009 年，诸暨成功举办

中国·浙江绿茶大会，有效宣传推介了诸暨茶业；2010 年浙江省农业"二区"建设现场会在诸暨召开，十里坪有机茶园的建设规模和建设内容，用基础面貌展示了诸暨茶业在转型升级中的典型示范。绿剑科技园展示了我市茶叶产业在新的历史条件下发展的前瞻性。继中国·浙江绿茶大会以后，诸暨市人民政府出台了《关于提升茶叶产业，建设茶叶强市的政策意见》，为深入贯彻落实科学发展观，进一步做优、做精、做强诸暨茶叶产业，明确了目标定位和落实了具体政策措施。

·调整中的转型·

对在不同历史时期种植的茶园，按地域品种、种植年份进行不同区域和不同技术措施的调整。

——对在 20 世纪 70 年代以后种植且长势还未完全衰老的茶园，按照市政府关于建设"茶叶强市"的产业政策，鼓励和扶持茶叶种植户进行老茶园改造，内容包括树冠改造、土壤改造、配方施肥、综合防治，政策性补贴每亩从原来的 100 元提高到 200 元。

诸暨市在茶叶产业转型升级中，在低坡荒地进行集中开发种植无性系良种茶园（具体拍摄日期不详）

——对茶园缺株多、茶树蓬面已严重衰老且经台刈改造后难以恢复产量的茶园，以及尚未利用的荒山空地，引导和鼓励种植经营户进行改种换植，重新开垦种植良种，政策性补贴每亩从原来的200元提高到500元。

——按照茶叶加工特点，根据市政府〔2009〕58号文件精神，对茶叶加工调整划分为三种类型，一是对分散在千家万户加工的名优茶加工，机械更新补贴三分之一。对加工场所在300平方米以上，所在地茶园面积在300亩以上，符合浙江省茶叶生产加工场所和设备条件的经营户，经农财二部门验收合格，一次性补贴5万元。二是对加工场地达到1000平方米以上，所在地茶园面积达到1000亩以上，日加工能力达到200千克以上的名优茶加工集聚小区，营业执照、卫生许可证等证照齐全的，一次性补贴10万元。三是具有区域性特色产业辐射带动和加工能力的，并取得"QS"认证的企业，还可向绍兴市申请一次性补贴10万元。

·升级中的现状·

——经过近5年的茶园种植结构调整，全市无性系良种面积已达到

4316 公顷，占全市总面积的 49.6%，其中 2010 年良种种植及改造面积达到 855 公顷，全市种植经营茶叶在 2 亩以上的农户有近 4 万户，现有茶叶专业合作社 37 家。数据显示，茶叶产业在帮助农民增收致富方面具有举足轻重的地位。

——近 5 年累计改造初制茶厂 94 家，其中通过"QS"认证的有 8 家。全市现有名优茶加工机械 15020 台，机制名优茶产量 867 吨，名优茶产值达到 2.08 亿元。全市现有采茶机 236 台、修剪机 213 台，机采面积达到 2233 公顷，机剪面积 2130 公顷，认定名优茶叶专卖店 40 家。

——在示范推广无性系良种茶园和改造初制茶厂的同时，认真总结"只有发现技术问题，才能开展技术创新"的经验。针对夏秋茶资源利用不充分、绿茶苦涩味重等技术问题，在省农业厅的支持帮助下有计划有步骤地组织科技人员进行试验探索和项目攻关，以推进诸暨市"改善加工工艺，综合利用资源"为目标的茶业结构调整，在茶叶产业提质增效中再上一个新台阶。

茶树良种
——诸暨茶业的后发优势

何乐芝

　　决定茶叶品质的基本条件有三个，一是独特的生态环境条件；二是优良的茶树品种；三是精湛的制作工艺。诸暨市种植茶叶的生态条件已经被上千年的历史所证明。全市现有茶园面积 10 多万亩，占市域总面积的 3.6%，至 20 世纪 90 年代末，受历史条件的限制，传统茶园种植以有性繁殖为主，所以茶树品种比较杂乱，无性系良种面积较小，到"九五"期末全市无性系良种比例只占 8.1%，给提高茶叶品质造成了障碍。21 世纪初开始，我市以推广无性系良种为重点，以茶园换种改植为技术手段，有计划、有步骤地种植发展良种茶园，实施茶园良种化工程。

在尚未掌握无性系良种技术的 20 世纪 50 年代，城南乡邱村副业队长邱忠良（中）利用老茶树蒲头移栽，以解决茶苗不足问题（摄于 1957 年 4 月）

至 2010 年底，全市良种茶园面积达到 4317 公顷，占全市茶园总面积的 54.9%。仅 2010 年冬和 2011 年春，全市种植面积达到 380 公顷，改种换植面积为 320 公顷，为我市的茶叶产业的转型升级，努力推进"茶叶强市"建设奠定了坚实的基础，成为我市茶业发展的后发优势。

我市新发展的良种茶园主要采取新垦荒地和老茶园改种换植的方式，综合利用土地资源，对新发展的茶园采用统一规划，连片发展，采用分户经营和集体承包等多种形式，经营主体为农业龙头企业、茶叶专业合作社和茶农。近年来，在同山、东和、马剑、陈宅、璜山、东白湖等乡镇相继建设具有一定规模的茶树良种基地近 2667 公顷。如，东和乡十里坪集中成片茶园面积在 200 公顷以上，为全省同行之最。赵家镇丁家坞村有 53.3 公顷茶园，良种比例达到 72%，已投产的茶园亩产值在 8000元以上，比群体品种亩增值 3500 元；直埠羽剑茶业专业合作社制作的白茶，每千克销售价在 3000 元以上；诸暨市石笕茶叶专业合作社其中 30名骨干社员发展种植的近 200 公顷良种茶园，亩名优茶产量达到 45 千克，占全年产量的 35%。

在茶树良种推广中，我们从技术推广角度把握了以下几个环节。

一是品种的适制性。不同品种的芽叶外部形态特征及化学成分含量

原枫桥镇公社枫溪大队副业队长骆生校同志培育的"枫溪一号"茶苗照片（摄于 1977 年 4 月）

原诸暨县林业特产局茶叶股副股长周菲菲（左一）与石壁乡（现陈宅镇）茶叶技术指导员吴水良在无性系良种繁殖育圃研究工作（摄于1993年4月）

与比例不同，制成的干茶外形和内质特点存在明显差异，各个品种都有特定的适制性，选定我市的"当家品种"和"优势品种"，是在总结历史经验和教训的基础上，经过认真筛选，从源头上为提高我市茶叶质量夯实基础。

二是品种的适应性。不同的茶树品种有不同的最适生态条件，其中最主要的因素是气温，气温是决定茶树引种成败的最重要因素。像我市对浙农系列和白茶品种具有明显的地域性影响，气候较为寒冷的山区引种很难成功，所以我们在规划布局时综合考虑了这些问题，在引种时向茶农提醒要因地制宜，千万不能盲目跟风。

三是实施"品种导入计划"。按照茶树不同芽叶"大、中、小"的形状，茶芽萌发"早、中、晚"的生理性状，结合不同加工茶类的适应性，按不同区域的地理条件和传统茶类有机结合，合理搭配，既增强对不同茶类制作的适应性，又延长茶叶采收时间，同时有效减少极端性气候侵袭而造成的损失，增加农民的投入效益。

茶园中的技术培训班

张天校

有一年，夏秋茶期间连续 40 多天的高温干旱，给茶树的正常生长带来了明显影响，尤其是幼龄茶园受害情况严重，给茶农、茶企带来了严重损失。

为了减少受灾的损失，市石笕茶叶专业合作社及时采取补救措施。于当年 9 月中旬，组织陈宅、璜山两镇的合作社社员、茶文化研究会会员、茶叶行业协会会员，在璜山镇冯友良茶叶良种场举办茶园热旱害处理技术现场会，邀请市经济特产站茶叶专家，采取现场互动的形式，围绕"如何恢复茶树正常发育生长"这一技术主题，进行讲课辅导；同时联系本户实际进行广泛的交流和讨论，明确在秋冬季期间所要采取的技术措施，结合茶园管理，通过茶地深翻、增施有机肥料、石硫合剂封园等农事活动，力争把受灾的损失降到最低限度，在抗灾自救中尽快恢复茶树长势。

诸暨市农民素质工程茶园热旱害处理技术现场会（具体拍摄日期不详）

一份茶叶产销文件的接力传递

黄德生

　　1990 年，诸暨茶产业已经跨入茶叶市场放开、实行多渠道经营的第六个年头，作为当时四大农业经济支柱之一的茶产业，不仅在"四个轮子一起转、乡镇企业促传播"的历史背景下肩负重任，而且对稳定增加地方财税收入也是举足轻重。多渠道经营的市场形态在发展过程中，出现的问题和弊端也引起了政府的高度重视，尤其是担负着全市一半以上毛茶收购和加工任务的诸暨茶厂，由于传统的体制障碍，造成茶类单一、销售渠道不畅、产品积压、资金周转不畅，积累性的问题开始影响企业正常运转。承担全市茶叶产销管理和协调的市茶叶产销协调小组，在历

枫桥供销社在收茶站讨论毛茶品质，右二为时任枫桥供销社主任的杨善泉同志（摄于 1990 年 4 月）

时 3 个月调查研究和广泛听取基层干部群众意见的基础上，对茶叶产销管理制定了若干政策和管理措施，形成了诸政发〔90〕第 005 号文件。文件中最敏感的是各精制茶厂的年度收购和加工计划，因为直接关系到整顿后全市 25 家精制茶厂的切身利益，当时听说市茶叶产销协调小组内部有一条铁的纪律：谁泄露谁负责。文件在 1990 年 3 月 20 日提交市委常委会进行讨论修改；需经市政府常务会议通过后才可正式行文下达。所以市供销社对当年的毛茶收购和加工计划确实是心中无数，基层供销社和茶叶收茶站非常焦急，因为茶季临近，茶叶收购班子、资金和茶用物资等都需要到岗到位，全市性的茶叶收购会议也无法召开，当时得到的唯一信息是：在 3 月 29 日上午市政府召开常务会议，在听取市茶叶产销协调小组汇报后，具体行文下达计划。

我时任诸暨茶厂副厂长，分管原料采购工作，主管部门是市供销社的多种经营管理股。在获得市政府召开常务会议的可靠信息后，市供销社在 3 月 26 日晚召开了由全市各区供销社和分社领导、诸暨茶厂、山口茶厂、土产茶厂及土产公司等单位参加的紧急会议。该会议决定在 3 月 29 日召开全市供销系统茶叶工作会议，地点安排在璜山茶站，为了及时将文件传达到各基层供销社，建议采用"接力棒"的传递方式，争

举行全市供销系统茶叶收购会议的璜山茶站（摄于 2013 年 12 月）

乡镇茶厂正在进行茶叶精制加工（摄于 1989 年 5 月）

取在中午 11 点前把文件原稿送到会场。

当时单位没有车辆，诸暨茶厂除一辆吉普车外，其余都是载重 5 吨以上的大卡车，诸暨汽车站到璜山上午只有两趟定时班车，正常情况下也需 1 个小时，浬浦与璜山之间的公路经常受阻，"把文件及时送到会场"是一项刚性任务，与会的市社领导下了"死命令"，会议决定把这一艰巨任务落到我的肩上。因为我是负责原料采购的副厂长，又担任过璜山区供销社主任兼璜山茶叶收购站站长，对开会地点的情况比较熟悉。

任务落实后，我连夜向厂长来毛银汇报，要求使用厂部的吉普车。不巧的是在这一天，省供销社召开专业会议，吉普车要到杭州，我一时束手无策。经大家商议后，决定采用"分段专人负责，互相传递"的办法，争取把文件及时送到。具体办法是：原市社多种经营股股长郭启宙同志是市茶叶产销协调小组成员，由他在拿到文件后立即送到市政府门口，由诸暨茶厂原料科科长寿能乔同志用自行车送到汽车站（当时汽车站在北门大地宾馆对面），由土产公司副经理许意平同志现场买好9点30分诸暨至陈蔡的汽车票，在浬浦站下车，而我在浬浦汽车站等，接到文件后骑自行车送到会场。为了保证完成任务，大家进行了反复讨论和深入分析，包括对自行车的车胎、刹车都进行了认真检查，一早派人去汽车站排队购买车票等。我时逢中年，精力充沛，于10点10分在浬浦车站接到文件，文件装在一个印有"诸暨市供销社密件"的大信封里，我立即装入手提包，跃上自行车风驰电掣般地向璜山进发。那时候的公路还未硬化，全部都是沙石路，你要想加快速度实在是力不从心，但我还是以参加运动会比赛的那份姿态和冲劲，在11点钟前及时把文件送到了会场。当时的诸暨茶厂厂长赵浩凡同志在茶站门口等候，立即把文件交给坐在主席台上的市社主任张金土同志宣读。我清晰地记得，当我大汗淋漓地走进会场时，大家全体起立拍手欢迎，像是欢迎从前方归来的将士。在宣读文件时，100多人参加的会议现场鸦雀无声，但读到诸暨茶厂年度加工计划5万担、山口茶厂1万担、土产茶厂7000担时，全场响起了热烈的掌声，像是一场战役取得胜利后庆功的场面一样。

历史延绵，薪火相传。我对这段已过去20多年光阴的接力传递仍记忆犹新。

——针对茶叶产销实际，市政府对茶叶收购提出了"统一收购、计划调拨、统一价格、统一标准、派员监督、原收原交、适当收益"的规定，属于供销系统管辖的三家茶厂，收购加工计划占到全市的67%，其余22家茶厂只有33%的收购和加工计划，这其实是"保主渠道、扶多渠道"的政策体现。乡镇茶厂分布在全市各地，对当地的财政收入和扩大就业都有直接影响，同时银行贷款额度也是以毛茶收购加工数量定基数，多种原因决定了这个文件的重要性。"接力传递"说明了政策资源对企业生存和发展的作用。

——供销社是以农民入股开始形成的。在计划经济运行中逐渐演变为官方机构，受到市场经济浪潮的冲击后，其生存能力变得非常弱小。"燕子着地飞、店官脚搁起"的商业网点逐渐被个体百货和五金店所取代；"大到自行车、小到肥皂火柴"的票证因市场繁荣而被遗忘在历史的深处。中国农村改革之父、中央农村政策研究室主任杜润生先生在一

黄德生（左一）参加在陈宅镇举办的全市茶叶技术班（摄于 2014 年 6 月）

次会议上说过："供销社要生存，需先找回自己的爹娘（即农民）。""供"这一领域已失去优势，农副产品收购，尤其是茶叶这一行业，在收购、加工及销售环节中却有较高的利润空间，所以成为供销系统在生存中的唯一选项，因此出现了一幕接力传递的喜剧。

重温改革开放后茶产业所经历的过程，把它连成一条长线、汇成一条大河、成为一部演替脉络清晰的家谱，为茶产业走向未来去提供经验和借鉴，不无裨益。

扁形茶炒制技术在我市的推广

周琪舫

　　根据 GB/18650-2008 地理标志产品标准范围，我市属于龙井茶越州产区。改革开放以前，计划经济的产销模式决定了茶类结构的单一性，因此我市基本上没有名优茶。20 世纪 80 年代初，随着茶叶产销体制改革和茶叶市场逐步放开，综合利用茶叶资源，开发名优茶成为当时茶叶产业结构调整中的一项重要内容，手工炒制龙井茶技术也在茶区逐步得到推广应用。

　　首先引进龙井茶炒制技术的是原枫桥区东溪乡，他们从杭州请来炒

1991 年 9 月，市农业局在原石璧迪宅坞村举办全市"第一期名茶技术培训班"，时任市农业局副局长石鹏雄同志（左二）做动员报告

茶师傅，开始学习手工龙井茶炒制技术。因为东溪山区地域条件独特，茶叶品质上乘，炒制的龙井茶色、香、味、形别具特色。据了解，产品被当时的浙江省茶叶公司收购，在成品拼配时做盖面筛号茶使用。东溪的手工龙井茶产量也随之增加，在市场上的影响力也日趋扩大。一家一户的加工形式逐步转变成了千家万户的生产规模，为调整茶叶产业结构，帮助农民提高种茶收入起到了明显作用。

在东溪山区龙井茶炒制技术推广的带动下，全市茶区也得到了逐步推广。例原枫桥区的栎江乡、永宁林场，原璜山区的石壁乡，原牌头区的茶场等地，请师傅，买电炒锅，学习和推广龙井茶炒制技术。龙井茶成为除石笕茶以外的名优茶成员之一，但存在炒制的茶叶质量不平衡、技术不成熟的问题。

针对这一生产上出现的问题，1991年9月，市农业局在原石壁乡迪宅坞村组织举办了为期7天的全市第一期名茶技术培训班，邀请中国农科院茶叶研究所研究员夏春华老师、王卓再高级技师专门授课指导。来

夏春华老师（前左四）、王卓再老师（前左三）与原陈蔡区参加培训的学员合影留念（摄于1991年9月）

自全市茶区的 50 名学员，从理论知识到实际操作，从鲜叶储青到成品包装、贮藏进行了系统的学习和实践，结业时还进行统一试卷测试，颁发结业证书。这一期培训，不仅给全市推广应用龙井茶炒制技术培训了技术骨干，而且为全市综合利用茶叶资源、振兴茶叶产业起到了推动作用，在诸暨茶产业的史册上留下了不可忘记的一页。

近几年，机采龙井茶技术得到迅速推广，尤其是自动炒茶机的问世，似乎手工炒制龙井茶的时代已经结束，手工炒制技术开始消亡。其实不然，龙井茶炒机的应用，是提高生产效率、降低劳动强度的历史性进步，这种机械是在总结手工炒制技术的基础上研制出来的，要炒出符合质量的龙井茶，首先要掌握龙井茶手工炒制每道工序的原理，才能正确地操作使用。为什么原来有手工炒制经验的，在使用机械制作时更顺手流畅？原因是他们对每道工序熟悉，了解不同工艺中所要掌握的温度和程度。何况真正高档的龙井茶，还是要靠手工作业来完成。

科学技术是一把双刃剑，愿茶界同仁，在大力推广机制龙井茶的同时，千万不要丢掉"三年徒弟、四年半折"中所掌握的一门技术。手工炒制龙井茶是一门传承千年的非物质文化遗产，是茶叶属性珍贵的一种标志，希望能在历史的进程中代代相传，不要让之消失。

第二章

越红工夫·香飘五洲

越红

工夫茶

在市场经济舞台上的越红工夫

陈元良　毛国雄

诸暨茶产业在改革开放后的十年（1978—1988）间，产销体制上经历了三大转折。

一是 1976 年全县茶园面积突破 10 万亩，茶叶产量超过 5 万担，随后以每年 1 万担的幅度增长，1981 年达到 11 万担（此前茶类品种全部是越红工夫）。1987 年，全县茶园面积为 118283 亩，茶叶产量上升到 157452 担，是诸暨茶叶产销史上产量最高的年份，从全国第 6 位升至第 5 位，茶产业成为当时社会经济建设举足轻重的支柱产业和发展农村经济、增加农民收入的骨干经济作物。尤其是在 1978 年召开全县山区

1991 年 3 月 5 日，时任市委书记顾顺章（右）带领市农业局、供销社有关人员深入茶区调查，图为时任市茶叶技术推广站站长陈元良汇报全市多茶类组合加工进展情况

东和茶厂原厂长卓廷朝在车间检查红碎茶加工质量（摄于 1985 年 4 月）

工作会议以后，茶园发展规划和产量增长幅度落实到各个公社（乡镇）并列入基层的考核指标，在这 10 年间，诸暨茶产业的发展可以说是日新月异。

二是在 1979 年按照浙江省政府提出的全省茶类结构布局，诸暨从原来的外销茶重点县转为内销茶基地县，茶类品种从原来的越红工夫红茶，改制为烘青绿茶，并在望云亭投资建设年产 10 万担烘青花坯的诸暨精制茶厂。这一调整不但对茶园管理和初制加工增加了任务难度，而且对原来制定的发展规划和年度计划，都要进行大幅度的修改和调整。按照当时的计划经济指令，在 1980—1981 年两年间，全县 1072 个初制所都要改制完成，诸暨茶厂在 1981 年要正式投产。1984 年，茶类改制和诸暨精制茶厂建设工作刚完成，"初制所加工毛茶，各地供销社茶站收购毛茶，县土产公司负责仓储调拨，诸暨茶厂精制加工成品，由省供销社供货到各地销售"这一产销体制刚开始运行，国务院出台了茶叶产销体制改革的意见，茶产品营销由原来的指令性计划经营，改为指导性计划经营与多渠道经营相结合的模式，除外贸出口仍以国家统一经营外，内销茶叶逐步放开市场，实行多渠道自由贸易，鼓励和支持发展乡镇初精制连续加工。随着这一政策的出台，诸暨作为茶叶产销体制转型的重点县，在贯彻落实国务院文件的具体工作中，诸暨县政府相继出台了保证主渠道（供销社）、鼓励多渠道、支持重点产茶区建设初精制茶厂的意见、鼓励法人主体和个人推销茶叶的相关规定等一系列政策措施，茶叶加工及贸易法人主体和从事茶业经营的个体成为市场经济舞台上的主角。

三是家庭联产承包责任制的推行和落实。在5万担茶叶基地县的建设中，当时全县87个公社都有茶园，1272个大队中有1269个大队种植经营茶叶，有村级茶叶专业队1064个，常年从事茶园管理和茶叶加工的专业人员13300人，集中成片的专业茶园84000亩，占全县茶园总面积的70%。党的十一届三中全会后，进一步放宽了农村经济政策，在"决不放松粮食生产、积极开展多种经营"方针的指引下，我县茶叶生产出现了前所未有的发展态势。从1981年开始，随着大田联产承包责任制的推行和落实，茶园种植经营也开始联产承包，这是中华人民共和国成立后对茶产业生产关系的一项重大变革。

越红工夫精制加工中的"撩头割脚"（摄于1985年9月）

越红工夫加工中的风选机（摄于 1985 年 9 月）

　　按照当时的政策，结合诸暨实际，县委农工部在深入基层调查研究、广泛听取各界的意见、吸收借鉴兄弟县（市）措施经验的基础上，县委拟定出台了诸暨县茶园联产承包经营的有关规定，规定指出：各乡镇和村可根据当地实际，采取"统一经营、专业承包、分户承包"三种形式，提倡有专业技术和经验的人员优先承包。初制厂承包可采用"统一经营，山、厂联包，茶厂单包"的形式，承包合同中必须明确在加工季节，对当地社员的青叶要优先加工，以稳定原来的以大队为单位所形成的加工区域，保障社员权益。至 1986 年底，全县茶园和初制厂承包全部完成，茶园承包到户的占 74.3%，专业承包占 17.48%，统一经营占 0.67%。初制厂承包茶厂单包占 72.17%，山、厂联包占 22.77%，统一经营占 4.91%。

　　联产承包责任制的落实，使一支自上而下形成的茶园种植、茶叶加工、茶叶收购和销售的专业队伍及经营体制，转变成基础在一家一户，规模在千家万户的产业格局茶叶市场彻底放开，实行多茶类加工、多渠道流通、多口岸贸易，经营主体在相互竞争中显得日趋活跃。然而，在这背后，质量上的粗制滥造、市场上的无序竞争、管理上的规则缺失、经营上的急功近利等诸多问题逐渐积累、接踵而来，从而导致一场"茶叶大战"的爆发，也成为茶叶产销史上必须牢记的沉痛教训。

"茶叶大战"愈战愈烈，由于茶类品种不适销对路，造成部分产品库存积压，诸暨茶厂在多渠道经营中因失去指令性计划的保驾护航，产业龙头效应日趋淡薄，广大茶农在"茶香人穷"的产销形势中深受其害。

在一个产业的重要历史时期，往往有几件重要的事件联系在一起，这既是产业发展的标志，更是产业发展的高度。越红工夫茶在市场经济舞台上角色的转变就是一个精辟的传记。

在计划经济统领下的茶叶市场，茶叶是重要的战略物资，当时不但销区喝的是下档茶、次品茶，连产区也有严格规定，质量好的茶叶都要投售给国家外贸出口，自吃茶一般是下档和大叶茶。商品供应影响到消费者的需求和习惯，在这样的时代背景下，茶类品种需求的单一性成为时代特征。茶叶市场放开后，产品在市场的流通中扩大了消费者的视野，增加了对茶叶品质特征的了解，需求开始多样化，流通渠道呈现出活跃态势。在外贸出口上，虽然由中国茶叶总公司统一制定指令性计划，但在放开搞活的市场经济条件下，各口岸公司在完成国家计划后有一定的自主权，可以组织一定数量计划外的出口茶叶。根据这一政策背景和市场特点，县委、县政府迅速采取了"稳定市场秩序、调整茶类结构、鼓励多渠道经营、组织出口茶生产"的战略方针，为吻合当时社会经济发展需要提出了"四个轮子一起转、乡镇企业促翻番"的总体目标，对茶产业发展实施"三驾马车并驾齐驱"，即"多茶类加工、多渠道经营、多口岸流通"，取得了明显成效。

· 多茶类加工 ·

茶叶市场放开后，其经营主体和内容发生了明显变化，从看样订货到看货订购，不同地区茶类需求不同，联系这一市场实际，相关职能部门对企业茶类加工提出了指导性意见，根据不同季节鲜叶原料加工的适应性和时效性，因地制宜生产加工不同茶类。当时茉莉花茶的下档需求量较大，茶区采用上档青叶加工珠茶、炒青，因当时出口公司对上档的 3505 茶号出口珠茶、9371 茶号出口眉茶需求量大，收购价也高。中档青叶加工烘青、精制加工茉莉花坯，夏秋茶加工越红工夫，当时苏联边境贸易开始活跃，越红工夫红茶可以在新疆的伊犁地区直接贸易，同时也可提供口岸公司外贸出口。在 20 世纪 80 年代中期传统名茶石笕茶被评为浙江省首届十四大名茶之一后，高山茶园在春茶前期开始制作名茶。

同样的青叶原料能加工成满足不同市场需求的茶类品种，不仅资源利用的价值链延伸到最佳，更重要的是在市场上扩大了影响和增加了知名度，招来诸多茶商。通过他们推介诸暨茶叶，也为以后几年红碎茶、越红工夫茶、炒青眉茶出口基地的建立奠定了市场份额和技术基础，为扩大诸暨茶叶销售市场形成了产业优势。1987 年，全国茶叶生产系列化服务经验交流会在杭州召开，时任农业部农业局副局长高麟溢先生在会后到诸暨视察调研，在座谈会上他风趣地说："诸暨多茶类生产如同孙悟空七十二变，这个经验很好。"诸暨在实践中获得了经验，资源利用价值发挥到最佳，产品流通领域扩大到最大。实践证明，发展一个产业的基础条件是资源优势和核心技术。其实这是诸暨广大茶叶科技工作者和茶农在历史上几次茶类改制中积累了经验，茶叶加工设备有了基础，在产销体制的转换中呈现游刃有余的优势。多茶类加工的生产体制，至今还发挥着对振兴诸暨茶产业的作用，成为诸暨茶产业史上的成功经验和文化遗产。

· 多渠道经营 ·

茶叶购销体制从主渠道单一经营到多渠道放开经营，是生产关系在本质上的转变。各经营主体利益关系的冲突，导致市场中各种竞争的出现。诸暨在茶叶产销体制的转型中，县一级建设了年产 10 万担茶坯的诸暨精制茶厂，乡镇一级投资建设 37 家、后经整顿后保留 27 家的精制茶厂，在市场经济条件下，凡是有法人资格的企业都具有同等的机会和

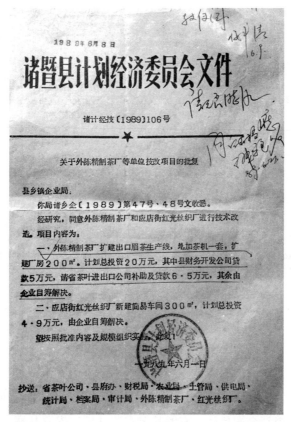

原外陈茶厂被列为上海出口公司眉茶加工基地后的技改批复文件
（具体拍摄日期不详）

待遇，但在实际运作中，往往会出现偏颇的现象。为稳定市场秩序、激励各类经营主体的发展动力和活力，从1985年开始，县委、县政府在年初都要印发一个关于茶叶产销管理的文件，以加工能力和茶园资源为基础，指导核定全年不同季节的加工计划；为促进外向型经济的发展，重点鼓励支持出口茶叶加工。同时，茶叶是当时的一种高税农副产品，税种包括农特税7%、工商营业税25.25%，合计32.25%。茶叶税收与地方财政收入关系密切，所以在产销文件中对毛茶收购和税收入库要求非常明确，管理也相当严格。

多渠道经营的产销体制下，诸暨在生产基础上形成了能适应市场变化的原料基地和加工设施，在经营体制上培育了一大批善经营、能管理

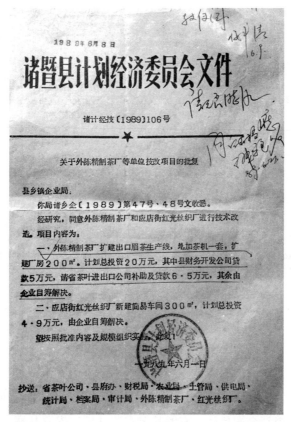（重复略）

1986 年，诸暨茶叶产量突破 15 万担，且库存积压产品明显低于绍兴全市水平。图为时任绍兴市农业局副局长顾询武（右）到诸暨调研期间，在永宁林场现场听取诸暨县茶叶站站长陈元良（左）的工作汇报（摄于 1987 年 4 月）

的专业人才，在营销上孵育了一批能"走遍千山万水、想尽千方百计、吃尽千辛万苦、讲出千言万语"的茶叶推销人员。他们走南闯北，把诸暨的茶叶推销到全国各地，有的甚至在茶叶销区安营扎寨，结婚成家，至今还在把诸暨茶产品推向市场做努力。

· 多口岸流通 ·

1985 年，诸暨引进和推广了红碎茶生产技术，从广东英德引进 4 套红碎茶机械设备，从湖南安化请来红碎茶加工技术师傅，在宜东、东一、东和、直埠精制茶厂建设红碎茶加工生产线，当年加工红碎茶 250 吨。通过广东口岸出口，实现产值 110 万元（当时价），为政府创汇 25 万美元。1986 年，中国农科院茶叶研究所研究员俞寿康先生，写信给诸暨县茶叶技术推广站，并牵线振桥与广东茶叶进出口公司签订购销合同，组织 12 家乡镇茶厂定点加工越红工夫茶。1987—1992 年间，共向广东口岸交付越红工夫茶 3000 吨，为社会创造经济价值 840 万元（当时价计算），为政府创汇 120 万美元，为茶农加工青叶 12000 吨，社会经济

1987年，县茶叶站与广东茶叶公司签订越红工夫茶出口合同。图为时任县人民政府顾问陈伯明（左）与县茶叶站站长陈元良（右）在广州中国出口商品交易会大楼前合影（摄于1987年4月）

效益非常明显。

　　按照当时的政策，对出口茶基地县实行政策保护，而对内销茶基地县的出口茶叶，只能作为计划外的补充，所有优惠政策都享受不到，包括出口配额、创汇补贴和物资奖励。上海茶叶公司原副总经理刘柏年先生说过一句话："如果不是当时的体制障碍，诸暨精制茶厂在20世纪90年代初转型为出口茶加工基地，那它将成为上海茶叶进出口公司的一个重要货源基地和合作伙伴，因为诸暨资源丰富，交通方便。"

1951年诸暨成为全省"绿改红"示范区

王家斌

1951年，中央和浙江省委、省政府决定：在绍兴、诸暨、嵊县开展改制红茶，取名"越红"销往苏联；并成立越红推广大队（见下图），组织人员开展工作。

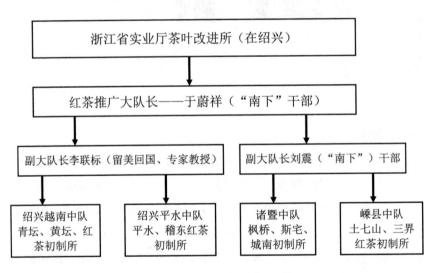

越红推广大队组织结构图

此外，决定向安徽、江西招聘200多名有红茶实际经验的农民技工，分配到越红初制所（工场）制造红茶。首先以中队为单位进行骨干技术培训，当时上海复旦大学农学院茶叶专业毕业生也投入这次红茶改制工作，高麟溢同志被分配到嵊县北山区谷来乡红茶初制所，他曾对我讲起这件往事。他说："当时杭州到嵊县汽车也不方便，到嵊县北山茶区还靠走路，从崇仁镇到北山区要翻山越岭，向解放军学习背着背包，爬到

诸暨中队在原大西区思安公社建造的红茶初制厂（摄于 1960 年 5 月）

深山老岭里的谷来乡红茶初制所，日夜帮助农民做红茶，生产、生活都很艰苦。但是，同学们在那里工作都很愉快！"高麟溢同志后来到农业部农业局任职，主管全国茶叶生产工作。

1950 年开始制红茶，绍兴年产 2.5 万担到 3.0 万担，诸暨年产 2.6 万担左右，还是不能满足出口需要，后来扩大浦江、桐庐、镇海等县也改制红茶，持续到 1957 年年产 10 万多担。1953 年，茶叶改进所撤并到省农林厅特产局，改进所改为茶叶科，共有 24 个干部、科技人员（包括杭州茶叶试验筹备组 8 人），属国家编制，对各地市、县茶叶业务实行"垂直领导"。从红茶改制，我体会到大学生深入基层一线去锻炼很有必要，不仅可接触生产实践习得知识技能，而且能够在政治思想上得到提高，这些都是在学校书本上学不到的知识。

20世纪60年代建设的白米湾茶场

钟性培

20世纪50年代大采秋冬茶，60年代大发展。当时茶叶在国际上很紧缺，苏联急需要红茶，欧洲其他国家、非洲国家也急需茶叶供应。20世纪60年代初，全县各区大办茶场。枫桥白米湾茶场、璜山延庆寺茶场、陈蔡琴弦岗茶场，还有牌头、城南、五泄等，两三年内全县新建200亩以上的茶场有近10个。

枫桥的白米湾茶场，是全县较大的一个茶场，枫桥区委决定将地址选择在栎江公社的白泥湾，连片平地，十多个山头，坡度都在15°以下，

白米湾茶场种植时的情景（摄于1960年10月）

PH值5.5，土壤深度在1米以上，属于低坡黄筋土。植被都是茅草和黄柴根，土壤的地理条件很 适宜种茶。

枫桥区委当时提出的规划是"千亩茶园百头猪，高山远山森林山，近山平山茶果山，牛羊成群满上岗，山塘水库鱼满塘"。

当时张贴的标语是"下定决心，不怕牺牲，排除万难，去争取胜利""种茶必须深挖浅种""种茶千亩，造福子孙"等。

在这样一种发展茶叶生产的历史背景下，全民动员大干苦干加巧干的生产热潮是一浪高过一浪，势如破竹。

1960年10月，为兴办白米湾茶场，区委首先采购茶籽，利用小秋收季节，向东溪、东和、栎江、乐山等供销分社采购到4000余斤茶籽，直接运到白米湾。

当年12月10日，区委召开各公社书记、社长会议，区委书记魏寿瑞同志亲自主持会议，着重讲了两个方面：一是发展茶叶生产的重要意义；二是保证种植质量，茶地必须清除杂草，深挖浅种。种茶是百年大计，必须全面深翻，植被要全面清除，合理布局道路、排水系统。提出

20世纪70年代集体经营时，白米湾茶场的采茶妇女喜采春茶（摄于1977年4月）

条播种植，种子覆盖，以防鼠类损坏等具体要求，并对如何保证种植质量展开了热烈的讨论和任务落实。

当天下午，我和时任区委领导带领有关人员到白米湾踏勘，并把山头上的土地划分到社，茶籽分配到地块。再次强调各公社书记、社长要带领相关大队群众，保证质量按时完成任务。

11日上午一早，区委书记魏寿瑞同志、分管农业的杨校坤同志及农业技术推广站长姚吉华同志再次步行来到白米湾，这时山上已有千余人在行动，有清除杂草的，也有深翻土壤挖沟下种的。我们四人边走边检查，对发现的问题（如杂草、黄柴根没有全部清除、深翻深度不足、打沟没有撒上石灰，播下的种子有裸露在外的等问题）及时予以纠正。针对现场检查发现的问题，区委领导决定再一次召集公社书记、社长会议，采取实地踏勘、集体检查，提出一定要保证种植质量，"宁愿推迟十天完成，不可马虎下种"。

第三天，我一人背着棉被及日用品来到白米湾蹲点，和公社书记一起边检查边劳动。相互调剂种子，尽量使种植茶园集中连片。与茶园种

20世纪80年代的白米湾茶场（摄于1986年9月）

植的社员群众一起吃中饭，以村为单位，集体送来。社员群众劳动的报酬，到自己生产队领取分红。在这种"一平二调"的情况下，在一无资金、二无报酬的生产关系中，日夜苦干 5 天时间，近千亩的白米湾茶场基本种植完成，奠定了目前全市现代茶业园区的基础。

"工匠精神"的时代价值

楼龙祥

　　自上而下倡导的"工匠精神",是对人和劳动的认同和尊重,想唤醒的是对劳动者的关怀及劳动者自身的社会担当,是一种"六亿神州尽舜尧"和"天下兴亡、匹夫有责"的自我价值的发现。像我们这一代人,对"工匠精神"这一理念不但体会深刻,而且经历丰富。在此将20世纪80年代本人从事茶叶行业的经历做一阐述自析,旨在与同一时代的茶界同仁共享记忆情趣。

·20 世纪 80 年代茶叶产销两旺的回忆·

　　在我们的童年和青年时代,茶叶一直是国家统购统销的出口物资,

楼龙祥(前一)去广州茶叶公司签订合同时留影(摄于 1987 年 3 月)

种茶做茶的人无法喝上好茶，享用的是后期茶叶或无法成为商品的劣质茶叶。改革开放后，茶叶购销体制实行多渠道经营，茶叶产销发生了根本性的变化，只要你有制茶技术和销售渠道，就有经营茶叶产销和获取利润的创业机会。我就是在这一历史背景下，开始了自己经营茶叶加工和销售的生涯。

茶产品有两种形态出现在市场上，一是经初加工的毛茶，二是精加工后的成品茶。毛茶到精制茶既有收购调拨的物流环节，又有精制加工到市场的销售环节，这几道环节中联结着多种费用。毛茶向收茶站投售，收购代理费一般在3%—5%之间，收茶站把毛茶调拨给精制厂，又产生打包、贮运、调拨费及运费，因受到贮藏时间长短和运程远近的因素制约，这些费用变数很大。这种流通模式在计划经营的指令下，各部门平稳地分摊着对号入座的红利。茶叶流通体制改革以后，中间环节大幅度减少，经营者可自行收购青叶加工，也可向初制厂直接收购毛茶，物流储运一竿子到底。在交易中还可以在"按质论价"中灵活控制原料成本，而且是产销直接见面，库存时间明显缩短，现金回流加快，这对商业头脑灵活的人来讲，确实提供了难得的创业机会。可以说，我就是这一历史时期中的受益者，掘到改革开放后的第一桶金，为以后事业的发展奠定了原始积累。

在20世纪80年代，经营茶叶的群体很少听到"血本无归"的案例，只是赚多赚少而已。从理论上说，这就是机遇，看你如何去把握，这就是机制改革释放出的红利，看你如何去争取。"成在机制，败也在机制"。改革促进了茶产业的蓬勃兴旺，茶产业在社会经济建设中的作用功不可没。

·以坚守"工匠精神"创造效益·

我先后承包经营过璜山茶厂、同文茶厂等企业，担任过诸暨县茶叶服务中心的总经理，由于当时市场的活跃和政策的优惠，我应该是行业中的佼佼者。我体会最深的是客观条件营造环境，经营理念决定胜负，对自己的企业必须做到"专业、专心、专一"，就是现在重提的"工匠精神"，在具体工作中做到抓住重点，各个击破。

越红工夫毛茶初制中的揉捻工序（摄于 1984 年 5 月）

——"看茶做茶"，提高初制毛茶等级和精制率。初精制连续加工的模式，构成了青叶到毛茶、毛茶到成品的两个利润空间，而且可塑性很大。我采取初制毛茶分级入仓，外收毛茶按等级匀摊，按级分等日清月结的方法，在仓库账本上各级毛茶的比例清晰有序，给精加工时分级付制提供了翔实的数据。分级付制不但本身路筛号茶比例明显增加，而且可以减少撩筛频率减少断碎，提高精制率。在 1987 年的一次乡镇茶厂厂长会议上，有同行请我介绍经

精制后的本身路筛号茶复火（摄于 1985 年 5 月）

验，我就说要提高效益，必须采取分级复制的措施。一位厂长说这样太麻烦了，我就说差别就在这里，因为你不肯下功夫，效益就在你身边转瞬即逝。

——对样拼配，提升成品茶等级。毛茶有七级十四等，还有级外茶，精制茶有一至五级，各等级茶叶都有外形和内质的标准。茶叶都是以经营为手段的感官评审，所以茶叶交货质量同接收单位的审评要求和目光密切相关，既简单又复杂。我在每批茶叶成交后，都会对提供的交货样仔细分析，同时与对方和审评人员交流探讨，结合入库的各档筛号茶的比例，按季节和级别合理搭配，求证出利润的最大值。例如，利用春5孔茶与夏秋茶的6—8孔茶拼配，把成品茶的外形调整到紧细、重实的要求，又利用夏秋茶中茶多酚含量高、春茶中氨基酸含量高的特征，把成品茶内的氨酚比调整到最佳范围，滋味鲜爽度明显提高。在广州茶叶公司一次交货审评中，得到了加20分的审评结果，每吨产品可增加产值1500元，连公司同事也对此感到惊讶。外形和内质搭配得如此得当，其实这就是"工匠精神"在茶产品加工中的具体体现。

——分轻重缓急，缩短成品茶库存周期。茶叶加工初制分春夏秋，

1987年全县乡镇茶厂厂长会议（摄于1987年5月）

筋梗路与机头路手拣现场（摄于 1988 年 6 月）

精制是全年性的，要货企业也是按照业务需要分批进货，货到验收付款，这样就形成了成品茶周期性的库存时间，直接影响到资金回收和企业经营中的现金流量。经营中，我在签订购销合同后，会对合同中的条款仔细分析，对交货的等级和时间做出最佳选择，要货单位也是以增加效益为目标，往往把价值高的上档茶延迟到后期发货，货款一般到年终结清，也可能延缓到翌年新茶开始，把资金积压转嫁给供方，一有疏忽，会把利润消费在产品库存和银行利息上。在这个问题上，我在签订合同时会慎之再慎，以仓库条件有限为理由，尽量把上档茶发货时间排在前面，缩短上档茶的库存时间，同时在合同条款上明确分批发运的各等级产品的搭配，在源头上获得交货的主动权。另外通过撷取对方销售信息，有的放矢地使对方主动催货，借运费贵、凑整车等理由，把成品茶的库存压力转移给对方。有的同行说我精明，但我认为这是经营方略，在商品经济社会容不得半点轻率和糊涂。

·新时期重提"工匠精神"的思考·

茶产业的发展已经进入了一个新的历史时期，茶树良种覆盖率在70%以上，鲜叶采摘大宗茶基本实现机械化，名优茶已经大宗化，茶叶加工全程机械化，多功能、智能化的机械操作代替了人工操作。从现象上看，手工技术消亡时代似乎已经到来。恩格斯曾经说过：任何人在自己的专业之外都是半通。我认为，一个产业在不同历史时期表现的形式千姿百态，茶产品属性从20世纪50年代至70年代是国家建设的换汇物资，到80年代至90年代成为农村经济和农民增收的支柱产业，再到21世纪，已经向健康产业跨越。市场需求多样化，消费形式个性化，饮茶健康不断普及且深入人心。市场对茶产品的需求从量变到质变，在茶产业经营中弘扬"工匠精神"显得更为重要，许多技术上的问题需要不断地攻坚克难。

——精制细作。茶产品的特点是以茶树上产出的鲜叶为原料，采用不同工艺加工成各具特色的茶类品种，在加工中各道工序紧密相连、息息相关。我认为无论是手工制作还是机械操作，都应该具有思考"为什么要这样做"的技术素质，茶叶加工与其他农副产品加工的不同之处，

20世纪80年代的丰产茶园（摄于1988年6月）

是每道工序都直接影响到成品的质量。"精制细作"是茶叶生产者的底线，也是"工匠精神"的体现。

——精益求精。新时期的茶类结构已经从区域性单一茶类向多茶类组合加工模式转变。把"生在山里，一色相同"的鲜叶原料，采用不同工艺加工成"泡在杯里，红绿白黄"的茶类产品，红茶促成发酵、绿茶终止发酵、黄茶平衡发酵、白茶自然萎凋，各类茶叶加工温度指标、湿热反应、机械配套差别明显，尤其是成品中氨酚比的含量直接决定口味，像这些技术要点，如果不静心钻研，是很难做出好茶叶的，做茶人"不仅要入门道，更要怪味道"。

弘扬"工匠精神"的内涵是力争做一个合格的茶人，饮茶促健康已经成为人们的共识，在大健康的时代潮流中孕育着茶产业的发展商机，愿一代代茶人传承文明，继往开来，在茶产业发展进程中不断创造新的业绩，这也是我们老茶人的深深祝愿。

20 世纪 80 年代越红工夫重返国际茶叶市场

郭营然

　　诸暨在 1978 年全国茶叶会议上，被列为全国年产 5 万担以上的 100 个基地县之一。1979 年，在计划经济的指令下，两年内"红茶"改"绿茶"，即越红工夫红茶改制为烘青绿茶，成为浙江省 4 个内销茶基地之一。1982 年，开始推行家庭联产承包责任制以后，全县 12.6 万亩茶园有 76% 转为家庭式承包经营。1984 年国务院发出 75 号文件，茶产品流通由计划经济的独家经营模式转变为计划经济指导下的多渠道经营。生产关系发生了根本性变化，蕴藏在生产经营主体中的潜力得到了快速释

1987 年，全县茶叶科技人员及部分茶厂厂长在讨论《越红工夫精制技术规程》(摄于 1987 年 5 月)

放，全县茶园面积不断扩大，1985 年底达到 13.5 万亩；茶叶产量逐年增加，1985 年全县达到 14.5 万担，茶叶质量明显提高。诸暨烘青绿茶地位斐然，每年全省烘青收购标准样都在我县制作，茶园面积和茶业产量从全国的第 6 位跃居到第 5 位，诸暨的茶产业发展进入了一个巅峰时期。

随着茶产品多渠道流通的纵深发展，消费需求也随之发生变化，尤其当时对出口的外销茶，国家实行保护式的计划经济，各种优惠政策导致内外销价格的明显反差，加上当时正处于改革开放后社会经济发展的初期，外向型贸易是重要的经济杠杆。县委、县政府在 1985 年出台了《关于扶持发展外向型经济的意见》，明确提出要按照市场需求，合理调整茶类结构，组织加工出口茶叶，换汇支援国家建设这一任务，将茶叶出口提到当时茶产业的重要议事日程。

1986 年，中国农科院茶叶研究资深专家、研究员俞寿康先生写信给时任县茶叶产销协调小组组长陈元良同志，传递了他在秋季广交会上所获得的信息：国际市场对工夫红茶需求量很大，尤其是在中苏贸易恢复后，工夫红茶更是供不应求。俞寿康先生还专门同广州茶叶进出口公司红茶科科长赵明慧商谈，介绍他在诸暨"绿改红"的亲身经历，并提出把诸暨加工企业联合起来，"抱团"去广州茶叶公司建立贸易关系。根据这一信息，陈元良同志向时任县委常委、常务副县长方培根汇报后，立即组织人员，由时任县人民政府顾问陈伯同同志带队，专程去广州茶叶公司洽谈。广州茶叶公司及时到诸暨考察后，当年即签订购销合同 5000 担。根据茶叶资源和加工基础的不同，购销任务分别落实到同文、宜东、直埠、东一、屯山、东和、青山 7 家乡镇茶厂加工，并对等级比例及生产季节都做出了明确规定。县茶叶产销协调小组还对这 7 家茶厂的收购资金进行了专项落实和保障。

在越红工夫出口红茶生产加工过程中，发现了一个共性的问题：由于原料基础和加工设备不同，产品茶样差异明显；但广州公司规定了各级茶样的交货样，对样验收，同时对每个茶厂都设定了验收标准。诸暨虽然红茶生产历史悠久，但都是以毛茶运到原绍兴茶厂精制加工后拼配出口。因为诸暨所产毛茶外形紧细、色泽乌润，是起面筛号茶的上等原料，越红工夫精制技术规程尚欠规范。针对这一问题，主管部门向县政府汇报后，要求技术部门迅速组织力量，制定《越红工夫精制技术规程》，统一出口红茶的品质特征和审评标准，以保障出口产品的质量，并把这一任务交给我执笔起草，由各茶厂的技术员协助完成。

在接受任务后，我查阅了大量的红茶精制技术资料和书籍，走访了绍兴茶厂原红茶精制车间的技术人员和工人师傅，在构思撰写提纲时，发现有几个潜在的技术问题需要调整：一是绍兴茶厂在红茶精加工时，把"圆身路"在制品"撩头割脚"前就在齿切机重复切碎，这样不仅对一些能通过分筛获取 5 孔和 7 孔筛号茶的原料产生浪费，而且影响精制率和经济效益，对此精制技术流程需要做出改进；二是筋梗路加工过程中，因受到机械配备的限制，在抖头抽筋中效果不明显，筋梗处理不合格，造成在拼和匀堆时比例失调；三是在毛茶处理中出现原料浪费现象。"对样评茶，按货论价"是茶产品交易的基本法则，如果交货样与订货样不符，双方都会受到巨大损失，而且关系到贸易信誉，容易产生纠纷，责任重大。我同相关技术人员深入讨论后，认为越红工夫出口茶精制加工，必须以外销标准样要求，以质量为前提，使产品符合外销茶品质标准，在精制流程中突出圆身路加工时，减少齿切次数，从原来的 4 次齿切减少到 2 次，调整筛网配置，增加本身路下段 8 孔以下筛号茶的回收率；在筋梗路加工时，由短抖筛改为长抖筛，增加本身路 10 孔以下筛号茶的回收率，减少手拣筛号茶的比例，节约生产成本；把原来机头路与圆身路混合处理改为分开加工，以提取本身路茶号的最大值为目标，满足在拼和匀堆时各级筛号茶的数量，从而提升各批茶叶的质量。《越红工夫精制技术规程》完成后，草稿送原浙江农业大学胡建程老师审改，胡老师做了仔细补充修改，并提出单独以诸暨毛茶精制加工，在外形上是条素紧细、色泽乌润，滋味的鲜爽度明显超过绍兴茶厂的出口茶样，产品质量别具一格，对越红工夫的质量表示肯定。

1986—1989 年，我县共向广州茶叶公司提供出口越红工夫红茶产品 1150 吨，创外汇 115 万美元（按当时价格，折合人民币 675 万元），为地方和企业创汇 25 万美元，还完成了进口化肥、计划内钢材、自行车等指标。越红工夫为改革开放后发展外向型经济，振兴诸暨茶产业做出了贡献，曾任县人大主任寿威同志在听取汇报后，挥笔题字"越红源诸暨，茶香飘五洲"。

到了20世纪90年代，随着名优茶技术的迅速推广和国家外贸经营体制的改革，茶叶市场需求又发生了新的变化。越红工夫红茶加工由批量型转变为分散型。茶产业在不同的历史时期，其扮演的角色存在明显差异，20世纪50年代至70年代，茶叶是国家严格控制的出口物资，商品率在90%以上，生产者自己喝的是后期大叶茶。20世纪80年代至90年代，茶叶是农业经济发展和农民收入增加的支柱产业，对社会经济发展可谓是举足轻重。到了21世纪，茶叶已经开始向"品茶在身，可以延年益寿，宁神而静志；品茶在心，可以淡泊明志，宁静而致远"的多功能趋势提升和发展，以茶文化的姿态展示它的社会形象和时代特征，茶产品的商品和社会属性都在发生着变化。所以，现在包含着过去，预示着将来。

从"审评"到"点评": 补齐红茶加工中的"共性短板"

张天校

随着"互联网＋茶产业"的迅速推广和发展，原来形成的以消费单一茶类的茶产品市场格局，已经被现代营销模式所冲垮，产品网购、个性化消费、多茶类需求的茶产品流通模式已经成为新的时代潮流。按照全球茶叶消费种类分析，红茶消费还是主流，占 60% 以上。近几年来，茶叶消费已经从一般的"解渴饮料"向天然的"保健饮料"转型，红茶对人体有养胃和利尿发汗的综合功能，在"科学饮茶、饮茶健康"的科普活动中渐渐被饮茶爱好者认识和喜爱；同时红茶汤色红亮、滋味鲜爽，与咖啡味道相似，对年轻人有较强的吸引力，国内红茶市场呈上升趋势。

市茶文化研究会于 2016 年 6 月 28 日，举办红茶品尝活动，越红工夫第二代传承人斯根坤先生（右一）参加

市茶文化研究会副会长兼秘书长赵孝国（左）、十里坪茶文化园董事长杨益行（右）与越红工夫第二代传承人斯根坤（中）在亲切交谈（摄于2016年6月）

　　我市红茶产销历史悠久。在20世纪的50年代至80年代，全市（县）每年以最高15万担的生产量提供国家作为出口物资，为当时的社会和经济建设做出了贡献。茶叶产销市场化以后，从单一茶类改为多茶类加工，但以小叶种为原料越红工夫红茶，一直在市场中享有盛誉。尤其是红茶作为一种高档名优茶开发上市后，红茶声誉和身价也得到了迅速提高，加上东白湖镇申报的越红工夫红茶手工制作工艺非物质文化遗产项目获批，由此对红茶加工技术也提出了新的要求。为寻找红茶加工中的"短板"，针对存在的共性问题，市茶文化研究会在市科协科普部、市经济特产站的大力支持下，于2016年6月28日在东白湖湖畔的笔架山文化园，举行了一次红茶品尝活动。活动采用现场互动的形式，生产单位自带茶样，邀请中华全国供销合作总社杭州茶叶研究院施海根研究员，茶叶专家、高级工程师丁珍老师作为技术指导，改审评为点评，将各地加工的9只茶样，在现场按明码资序观色、闻香、开汤、尝味、评鉴叶底，生产者和审评者互动交流，对发现的问题认真剖析、集思广益，找出在红茶加工中的"共性短板"，同时与施老师带来的杭州九曲红梅、

2016年6月28日，中华全国供销合作总社杭州茶叶研究院研究员施海根老师现场点评我市红茶质量

2016年6月28日，茶叶专家、高级工程师丁珍（右三）现场分析茶样点评

广东小叶种、云南大叶等茶样比较，围绕"花香、甜爽"这一红茶新时代需求特征，进行了深入分析和讨论。两位老师根据在点评中发现的问题，九只茶样的不同风格，结合红茶加工的核心技术，吸收外地的成功经验，向与会者传授了补齐"短板"的技术要点和操作方法，并建议小叶种加工红茶要在萎凋工艺上攻关，在发酵工序上提高，以发挥我市红茶的品质优势。

对此这次红茶品尝活动，总结有三点体会。

从审评到点评是一次技术进步。大凡茶叶质量审辩，都是封闭式审评，生产者送样只得到结果和榜上名次，而对自己加工的茶产品为什么能上榜或落榜而不知其所以然；专家在审评时对不同茶样所存在的问题也只能自讲自听，加工者听不到；对针对问题提出的整改意见缺乏相互交流的平台。点评以"发现问题、交流经验、取长补短、能者为师"为方式，参与者不仅能拓宽视野，避免坐井观天、夜郎自大，又能交流互动，学习到新的知识和经验。

以科普平台为支撑，努力提高农民的知识水平。市茶文化研究会承担了 2016 年的"科学饮茶知识推广"科普项目，通过这一平台，向农民宣传要补齐农业科技短板。具有冷静判断、容纳多元、接受新奇、允许失败的科学态度，弘扬"工匠精神"，不断提高茶叶品质；要成为一名合格的生产者，要具有学习科学的欲望，尊重科学的态度，探索科学的行为和创新科学的成效，在科普平台上充分发挥学术团体的参与度与协调度。

丁珍老师（左二）给诸暨市石笕茶叶合作社理事长张天校（右一）、璜山沁露茶叶合作社理事长冯友良（右二）、市名优茶手工大赛一等奖获得者陈赢荣（左一）现场点评红茶质量（摄于 2016 年 6 月）

　　珍惜自然资源，不断扩大诸暨红茶的市场影响力。诸暨茶树品种以小叶种为主，在 20 世纪茶园种植发展的高潮期，都是围绕提高红茶质量为前提的，应该说诸暨加工红茶优势独特，在计划经济时代，"越毛红"红茶标准样板都是在诸暨制作定样。这次点评中施海根老师把外地茶样和诸暨红茶进行比较，说明诸暨红茶优势明显，尤其是外形和叶底，先天基础比外地要足，突出的问题是萎凋工序需要创新，以充分发挥"花香"；发酵工序要跳出传统技术中死板僵硬的桎梏，抓住在发酵工序中次级氧化物向高级氧化物转化的关键点，合理控制温度、湿度，严格控制发酵时间，以突出诸暨红茶滋味中的"甜爽"。

永不消逝的踪迹

张伟良

　　在中华人民共和国成立后，为支援国家建设，根据中国茶叶总公司的统一部署，诸暨在全省率先进行"绿改红"，适合苏联市场消费的"越毛红"茶叶品牌由此诞生。到了20世纪70年代，按照市场需求和国家计划安排，诸暨又进行"红改绿"，成为全国四大茉莉花茶基地之一。1977年批准建设性质为地方国营的诸暨茶厂，1979年投产，诸暨茶厂占地面积118.85亩，建筑面积4.25万平方米，年加工能力在5万担以上，规模名列全省前茅。但在历史进程中，还未过而立之年的诸暨茶厂，在2002年便销声匿迹。我是诸暨茶厂的最后一任厂长，每当路

1991年，诸暨茶厂组织参加浙江省供销社举办的茶产品展览会（具体拍摄日期不详）

过望云亭老厂址时，看到鳞次栉比的新式建筑物，当年排列整齐的加工车间，节奏有序的机器轰鸣，清香馥郁的厂区环境，就会在脑海中闪现。那一辆辆货车组成的运输车队井然有序，把千家万户投售到全县40多家茶叶收购站的毛茶运到厂区，让工作人员按工序分批日夜加工；又把一件件包装成箱的各级茉莉花茶和茶坯产品，源源不断地运往大江南北；那一队队交接换岗的职工，在欢乐的谈笑声中进入岗位投入紧张的作业……现在我想，这本来是一个职责明确、工作细分的产业化体系，为什么会在市场经济的冲击下而被赶出历史舞台呢？难道是命运的多舛，或者是本身的无能为力？

·从计划经济向市场经济转换中的辉煌·

1976年，中央发出了"茶叶生产要有一个大的发展，要适度加快"的号召。1977年底，浙江省计委下文明确诸暨从外销茶基地转为内销茶基地，拨款建设年加工能力为10万担的诸暨茶厂，以诸暨全县670座初制茶厂为基础，分两年完成"红改绿"改制任务，成为华东地区规模中等、设施先进、产品齐全的地方国营企业。诸暨茶厂的建设，不仅是诸暨产茶史上新的里程碑，也是浙江省茶产业在改革开发后转型升级的时代标志。

诸暨茶厂作为一个行业龙头，上接国内外市场，下连全县12.6万亩茶园。当时87个公社（现称乡镇），95%以上从事茶园种植和初制加工茶叶，对农村尤其是山区的社会经济发展举足轻重。诸暨茶厂建成投产后，一度改变了以调拨原料出售茶叶初级产品的被动局面，全县各初制所加工的毛茶，在诸暨茶厂加工成终端产品，既明显减少中间环节，又降低了地区间压级压价的风险。1986年，诸暨茶厂生产加工茶坯1812吨、各级茉莉花茶629吨，实现产值2642万元，创利润230万元，名列全县工业企业前茅。

在城区，诸暨茶厂吸纳了一大批待业青年，一时成为城镇青年就业的第一选择。全厂职工最多时有343人。初制毛茶供销收购有5%的手续费，地方财政有7%的农林特产税，国家层面有25%的工商税，茶产业与国库收入息息相关，有力地促进了社会经济及各项事业的发展，诸暨茶厂在诸暨茶产业的发展史上留下了光辉的一页。

· 以提高质量为本取得累累硕果 ·

诸暨茶厂生产的烘青茶坯和茉莉花茶远销北京、上海、天津、山东、江苏、河北、辽宁和山西等地，深受消费者欢迎。其中，其烘青茶坯曾获得浙江省烘青茶坯质量先进奖，一级和三级茉莉花茶被国家商业部评为优质产品，并定向供应八达岭景区等，同时作为旅游纪念品向国外游客推介供应。诸暨茶厂生产的茉莉花茶在市场上享有很高的信誉度。

诸暨茶厂是全省销茶的示范样板（每年的烘青毛茶收购标准样都在诸暨统一要求和定样制作），并负责起草《烘青花坯精制技术规程》，该规程成为当时的一份行业技术标准。每年春茶采摘前全国茉莉花茶销区的省计经委、供销社、商业厅和大型国营茶厂（场），都要在诸暨召开年度加工计划和订货会，制定收购调拨计划，以及相关政策措施，为全年的茉莉花茶产销和调拨工作做出计划安排和工作步骤安排。

· 在兴衰中引发的思考 ·

计划经济时代背景下的茶叶产销模式是：生产队种植采摘、初制所集中加工成毛茶、农业技术部门指导生产和加工、供销社收购调拨、茶厂精制加工，各地商业部门销售，分工非常明确，也就是目前提倡的市场细分。这种经营体制，把茶叶的质量从源头到产品牢牢地关在制度的笼子里，产品质量风险很低，但由于利益分配上的失衡，这种具有可持续发展的经营体制被改革开放的浪潮冲到历史的记忆之中。利益分配问题成为当时主要的体制障碍，如果能及时扫除这些障碍，如今的茶产业将会是一个什么样的面貌？

由于在计划经济制度下的单渠道经营，产品与市场脱节造成库存积压，茶类单一影响到扩大消费群体，1984 年国务院出台 75 号文件，决定放开茶叶市场，实行多渠道经营，允许社会上不同主体开办精制茶厂。乡镇茶厂的灵活性影响了大型国营茶厂的生存，尽管在我之前的几任厂长都做出了艰苦挣扎和努力拼搏，但在体制的桎梏下显得无力回天，加上当时受多元化经营思潮的影响和主管部门的决策失误，经营状况每况愈下，职工下岗分流或提前退休，不良资产和债务风险增加。在无奈和被动的状态下，摘下了诸暨茶厂这块年轻而又有发展希望的牌子。其实，当时在"势不两立"中无序竞争的全县 39 家乡镇茶厂，如今也是难觅踪迹。

计划经济形成的一整套质量管理制度，销售客户的网络渠道，在被多渠道经营的洪水冲垮后，茶叶市场形态逐渐由产品不适销对路向产品质量风险转移。近几年国家连续采取了扶持农民专业合作社集聚加工、规模化生产、"QS"认证制度、定期抽样检测监管等措施，但茶叶质量的负面报道还是此起彼伏。我有时沉思：如果在茶叶产销体制改革时，从紧扣产品结构、市场需求、产供销利益分配机制这三个环节着手，不搞全盘否定和无为争论，很有可能茶产业不会被一个不种植茶叶、但产值超过我国 7 万多家茶厂的品牌来左右茶叶市场。这也许是在艰难跋涉后的醒悟。

越红博物馆

杨思班　陈元良

　　"越红"是中国传统十大红茶品牌之一，主产区是绍兴市，诸暨是发源地，连接余姚、浦江、嵊州等茶叶产区。以"外形坚实挺直、色泽乌润，锋苗显露、匀净度高，滋味香高味爽"的品质特征而闻名遐迩。据《中国茶经》，越红工夫茶历史悠久。20世纪50年代初，为满足出口东欧需要，越红工夫成为国家外贸骨干商品，为当时的社会经济建设做出了历史性的贡献。

　　诸暨自秦始皇三十七年（即公元前210年）建制以来，从未废除。曾是越国古城、西施故里，是古越文化的发祥地，也是古越民族集聚居地之一。发展和传承手工越红工夫茶，既能弘扬传统茶文化，又能促使茶产业的转型升级。

2017年11月21日开馆的越红博物馆（摄于2017年11月）

优秀传统文化和民族精神是一个产业的宝贵基因。博物馆是文化的殿堂，是社会可持续发展的根基。投资1200万元的越红博物馆已于2017年11月21日开馆，占地1300平方米的馆内设越江茶业越红工夫"技术创新""香飘五洲"四个展厅。把从历史上走过来的越红工夫茶归类形成一条主线、合成一条长河，让越红工夫茶发展的每一步都清晰地反映在博物馆之中。从而成为一部演替脉络清楚的家谱，潜移默化的引领茶产业转型升级。通过博物馆的引导和现场互动，让生产者更加自觉地增强品牌意识，让消费者能不断地了解越红工夫茶的历史和品质特征、品饮时尚引领消费，使博物馆在茶产业、茶经济、茶文化发展中发挥出更加切合实际而又全面的作用。

·第一展厅：越江茶业·

诸暨茶产业自唐开始，形成了以东白山为标志的种植区域。历经弥新，经久不衰。宋《剡录》中记载："越产之擅名者，诸暨石笕岭茶。"明代自朱元璋下诏书改团茶为散茶后，诸暨形成了一个多茶类的茶叶加工格局。从明代到近代的地方志中，多处可见"诸暨所产茶叶，质厚味重，而对乳最良。每年采办入京，岁销最盛"。据《暨阳七林斯宅家谱》，斯元儒创建了对茶类品种按地域、季节、原料、需求的多茶类加工模式和制作技艺。

斯氏名人斯松贤于1917年在斯宅采用斯族合股形式创办永义茶栈。据《浙江茶叶志》，1936年永义茶栈与上海的忠信昌茶栈合作出口国外茶叶市场，1939年由中国茶叶公司接管，改名为"大生精制茶厂"。斯松贤传承发展诸暨多茶类加工技艺和生产方式，在不同的历史时期为社会经济建设做出了贡献。

斯松贤孙辈斯根坤，出生于1924年，自幼秉承庭训，耳濡目染，潜心学习和传承绿茶、红茶、黄茶的制作技艺。1950年接管大生精制茶厂。1952年获诸暨县红茶生产模范先锋称号；1955年4月该茶厂改名为"诸暨县斯宅乡农业生产合作社红茶联合初制工场"，斯根坤任副主任，为越江茶业的发展起到了承上启下的作用。

斯根坤名徒杨思班，2009年重组越江茶业，以传承越红工夫红茶技艺为切实点，拜师学艺，重塑"越红"传统品牌。在他的努力推动下，越红工夫茶手工制作技艺被列入诸暨市第七批非遗文化目录，越红博物馆顺利建成。越江茶业在诞辰一百周年之际，将担当起新时代中茶产业转型升级的重任。

· 第二展厅：越红工夫 ·

1950 年 2 月，中苏签订了《中苏友好同盟条约》，条约规定苏联每年向中国提供 3 亿美元的贷款，中国用以红茶为主的商品归还。按照中央统一部署，浙江省成立红茶推广大队，绍兴地区的平水绿茶区被列为全省第一批"绿改红"示范区，以绍兴、诸暨为主产区的越红茶产品在特定的历史条件下应运而生，成为当时全国数量大、质量好的十大红茶品牌之一。

诸暨是全省"绿改红"的示范区。1951 年，诸暨成立全省首家县级茶叶指导站，科技人员由省农业厅委派。到 1955 年全县红茶初制所达到 109 家，全年产量超额完成国家任务，增长幅度名列全省第一。1957

越红博物馆第二展厅：越红工夫（摄于 2017 年 11 月）

年，由中国茶叶总公司浙江省分公司，在诸暨原东溪乡山口村投资建设年产 5000 担、全省初制规模最大的山口茶厂。

改革开放后，越红工夫重返国际市场。诸暨分别与上海、广州茶叶进出口公司签订合同，组织 12 家乡镇茶厂定点加工越红工夫出口。1982—1992 年间，共向出口公司交付越红工夫茶 3000 吨，为茶农加工青叶 1200 万千克，在当时的经济发展中，扮演了重要的角色。。

越红工夫制作技艺被列入诸暨市第七批非遗文化目录，"越红"商标成为诸暨约定俗成的商品通用商标，专家称越红工夫茶产品是小叶种工夫红茶中的佼佼者。越红工夫在联结一家一户形成以"越红"为标志的千家万户规模的新业态中，将朝着在市场上具有影响力又可持续发展的区域品牌方向不断完善、提高。

·第三展厅：技术创新·

诸暨在越红工夫茶的发展历程中，攻坚克难，不断创新，成功研制出第一代畜力、水力揉捻机，第一代烘干机。到 1955 年底，全县已有红茶初制所 109 家，毛茶全部调绍兴精制茶厂拼配出口苏联。为提高生产效率，1952 年，第一代木质的单桶、双桶、四桶水力揉捻机推广应用，原城南公社红茶初制厂在县茶叶生产指导站的帮助下，研究设计一台"土烘干机"代替手工操作，省农业厅特产局派技术人员现场指导，并在经费上予以大力支持。经过 4 年的刻苦攻关，红茶烘干机研制成功并于 1958 年底通过省级科技鉴定，同时在全省茶区得到推广应用。

1974 年，国家确定 100 个年产 5 万担茶叶生产基地县规划，诸暨率先进入全国 18 个基地县行列，并设立了全省第一家县级茶树病虫测报站，开展虫情预测预报，为实现茶园高产稳产保驾护航。改革开放后，该测报站扩大为县茶叶科技站。20 世纪 90 年代后，经诸暨市人民政府批准，改名为"茶综合利用研究所"，上接中国农科院茶叶研究所，下连千家万户茶农，为茶叶科学技术的应用研究搭建了平台。针对茶产业发展过程中存在的共性短板，因地制宜、抓住重点、集中攻关，先后获省级科技进步三等奖一项，省农业厅科技进步二、三等奖各一项，绍兴市科技进步二等奖一项、三等奖三项，诸暨市科技进步一等奖三项、二等奖两项、三等奖五项。

在中华人民共和国成立后，全市动态式奋斗在茶叶战线上的各类科技人员有 165 名，服务机构在历史的演替中，茶叶股存在了 30 年，成为越红工夫发展鼎盛时期的技术服务和广大茶农信息交流的平台。

· 第四展厅：香飘五洲 ·

《康熙诸暨县志》载："茶产于石笕岭太白山、宣家山、日入柱山、五泄山、梓坞山、坑坞山，制法不同有长茶、圆茶、烘青之分，长茶圆茶皆绿茶也，又有红茶、黄茶，叶取精，日下晒干之。"据《诸暨民报》，1944 年诸暨设茶栈 8 家，茶叶装箱外售，当年全县产茶 10500 担，其中绿茶 8000 担、红茶 2500 担，绿茶以珠茶为主，红茶以工夫红茶为主，产值 69 万银元，其中外销 1347 箱，产值 12 万银元。这说明茶叶已成为当时社会经济结构中唯一的农副产品出口物资。

在计划经济时代，诸暨一直是越红工夫外贸出口的重点县（市），1951—1981 年，共向国家投售商品茶 771159 担，其商品率达到 99%，产品全部为越红工夫茶。在茶叶市场实行多渠道经营后，以多口岸贸易

设在越红博物馆内的越茶院（摄于 2017 年 11 月）

振兴茶产业，组织乡镇茶厂与上海、广东等口岸公司签订出口贸易合同，使越红工夫重返国际市场，引进红碎茶设备和技术、促进茶资源的综合利用。

俄国诗人普希金在《欧根·奥涅金》中写道："天色转黑，其晚茶的茶炊，闪闪发亮，在桌上嘶嘶作响。它烫热着瓷壶中的茶水，薄薄水雾四处荡漾。"在俄国上至达官显贵，下至平民百姓，每逢隆重节日和特殊日子，亲朋友好友就会围在精美的茶炊旁边，品饮工夫红茶，这种古老的传统习俗一直延续至今。越红工夫以无可比拟的优势获得了俄国人民的青睐，一度占有其90%的消费群体。在全球巨大的红茶消费市场中，在"一带一路"倡议的实施中，越红工夫茶孕育着巨大的商机，将在五洲飘逸出更加温馨的茶香。

第三章

风云际会·各具轩轾

越红
工夫茶

为茶产业转型插上科技创新的翅膀

陈元良　周菲菲

1977年，中央领导同志发出了"茶叶生产要有一个大的发展，速度要加快"的号召，并指示在全国要搞100个年产茶叶5万担的重点县作为茶叶生产基地。这为当时我国茶叶生产的大发展指明了方向和途径，也成为促进我国茶叶生产迅速发展的巨大推动力量。实现100个年产茶叶5万担基地县的目标，不但能使我国茶叶生产的面貌发生根本性变化，而且对于进一步发展农村经济、增加社员收入、改变农业面貌具有十分重要的历史意义。时任诸暨县林业特产局副局长的孟庆玉同志出席了在安徽省休宁县召开的全国年产5万担茶叶基地县会议，会议对全国100个5万担茶叶生产基地县的建设提出了规划，尤其是在如何开展科学研究，努力推广应用先进适用技术方面做出了部署。

《全国茶叶会议纪要》中指出：根据当前茶叶生产实际情况，应着重从提高单产、提高质量、提高机械化水平及降低生产成本方面出发，加强科学技术研究和推广工作。各5万担县要建立专业科研机构，建立和健全四级科技网，茶场要建立试验园、良种园、丰产园，广泛性地开展群众性科学实验活动，力争在短时间内把我国茶叶科学技术提高到一个新的水平。按照这一要求被列入5万担基地的县市，都必须建立专业的茶叶科研机构。绍兴市五个县除上虞外，都被列入基地县。会议一结束，绍兴、嵊县立即组建了县级茶叶研究所，新昌也在抓紧筹建，"诸暨怎么办？"成为当时茶叶战线热议的一个话题。

1974年，诸暨就在原西山东方红茶场建立了全省第一家县级茶树病虫测报站，1975年在枫桥召开了全省茶树植保联系点会议。诸暨建站组网、在实践中摸索茶树病虫发生规律的经验在全省推广，全省重点产茶县到诸暨参观学习的达到500多人次，而且上连中国农业科学院茶叶研究所，浙江省农业厅，浙江农大茶叶系、植保系，杭州茶叶试验场，下设 13 个后增至 51 个测报联系点，同时在枫桥镇枫溪大队、平山公社楼家大队、枥江公社乔亭大队设立茶叶丰产示范方，在枫桥镇公社红星大队、西山公社夏宅埠大队、斯宅公社上泉大队建立低产和衰老茶园改造的试验基地。在西山东方红茶场开始进行茶园耕作机械化、茶叶加工流程半自动化的试点工作。诸暨还有一个优势条件就是绍兴市农校设在牌头，牌头茶场是学校的教育实验基地，农校又设有茶叶专业，配备专业的师资队伍。

按照全国茶叶会议提出的要求，结合诸暨实际，当时的县委领导班子在深入基层调查和广泛听取各方面意见的基础上，经县委常会委讨论后，认为县级专业科研机构应以推广应用研究为主，基础研究不具备条件。按照当时的行政编制，县级有茶叶股、区级有农业技术推广站、公社有农科站、大队有农科员，形成四级农科网已经有了科技推广组织基础，成立县级专业研究所有点"贪大求洋"，名不副实，决定在牌头茶场建立诸暨县茶叶科技站，原设在西山东方红茶场的茶树病虫测报站合

1980 年 5 月，西山东方红茶场从嘉善拖拉机厂引进 12 马力履带式中耕机，浅耕每工作日为 50 亩，深耕每工作日为 30 亩（摄于 1980 年 5 月）

县茶科站植保组陈元良（右一）在实验向公社农科员介绍茶园病虫调查和测报技术（摄于1980年3月）

并到茶叶科技站，并在牌头茶场划拨土地 2.5 亩，作为县茶叶科技站的建设用地，于当年 11 月动工，1978 年 6 月完工。全县抽调 6 名科技人员，分设茶树栽培及管理、茶树植保、茶叶初制加工三个专业组，在全国科学大会前开始工作，成为诸暨茶叶产销史上加快普及茶产业科技知识，加强茶园科学管理，提高科学制茶水平的一支重要队伍。

县茶叶科技站成立后，正遇党的十一届三中全召开，吹响了改革开放的号角。同时召开了全县山区工作会议，提出了五年的发展规划和奋斗目标，茶叶产销体制面临着历史性的转折。同时，浙江省政府根据茶叶内外销市场变化，对茶类结构进行计划性调整，诸暨从外销茶基地县转变为内销茉莉花茶生产基地县，规定在 1981 年底前对全县原生产加工越红工夫红茶 1072 家初制所，全部改制为加工烘青绿茶，还在望云亭投资建设年产 10 万担烘青花坯的诸暨精制茶厂。针对这一茶叶产销体制转换的实际，县茶叶科技站按照县委的统一部署，励精图治、攻坚克难，具体做好了以下三方面的工作。

县茶科站科技人员深入茶园调查虫情。图为高级农艺师毛国雄（左二）、陈元良（左三）在原红门公社下水阁茶园，现场指导植保员小绿叶蝉拔卵调查技术（摄于 1980 年 5 月）

· 深入基层蹲点指导，以点带面搞好服务 ·

　　1977 年，全县茶园面积已达到 11.9 万亩，茶叶产量为 57539 担，比 1976 年增长 15%。县委提出从 1978 年开始，全县茶叶产量每年要以 1 万担的幅度增长，在生产技术上除切实抓好"三耕四削一深翻"的常规护理外，还要重点抓好茶园病虫防治，以保证茶叶产量的增加。当时全县茶园病虫害发生的优势虫种是长白蚧、茶小绿叶蝉、茶尺蠖、茶橙瘿螨、茶叶瘿螨、茶短须螨，以刺吸式害虫为主，在为害期发生代别重叠，遇到气候反常，会在短时间内出现暴发性危害，直接影响茶叶产量，甚至导致茶树死亡。

　　针对这一威胁产量增加的生产技术问题，县茶科站综合应用原县茶树病虫测报站积累的技术资料和经验，利用田间调查和室内预测相结合的办法，结合全县不同区域所提供的虫情消长动态情报，长白蚧利用玻

永宁公社茶叶技术辅导员陈宝林在永宁茶场茶园内调查虫情（摄于 1980 年 3 月）

牌头茶场植保员边奎文（右一）在茶园向职工介绍茶园病虫害发生动态（摄于 1979 年 5 月）

管预测法，茶尺蠖采用室内饲养，小绿叶蝉推广拨卵调查法，茶叶螨类选用百叶虫数计算法、数理统计测报技术，全县茶园中病虫发生动态都在严密的监控之中，及时向茶区发出书面虫情预报，提出不同区域的防治适期和技术措施。在1978—1985年间，全县没有出现因病虫为害而影响茶叶增产的情况，得到了省农业厅和中国农业科学院茶叶研究所的重视和表彰。数理统计在长白蚧测报技术上的应用研究获省农业厅科技二等奖，小绿叶蝉拨卵调查测报技术在全省应用推广。

· 抓住重点集中攻关，轻重缓急各个击破 ·

在两年内把原加工红茶的初制所改制为加工绿茶，不但工艺完全不同，而且加工机械都要重新配置安装，更关键的是原来的加工人员在技术上要重新辅导培训，改制任务相当艰巨。在完成分批分点搞好全县初制所的机械配套计划制定和加工人员的技术培训工作中，有两项成绩较为突出：

一是对杀青机的更新换代。当时省里配套的是槽型和锅式杀青机两种机型，以煤和柴为燃料进行杀青，这两种类型的杀青机都存在火温

县茶科站利用玻管预测长白蚧防治适期。图为农艺师骆冬英在写观察记录（摄于1985年4月）

难以控制的弊端，杀青叶过老过嫩都容易造成叶色变黄、甚至发焦变次品。

带着这个问题，县茶叶科技站派员专程到中国农科院茶叶研究所请教。时任茶叶科技所制茶机械研究室主任的陈尊诗老师，建议我们对有一定加工规模的初制所选用富阳茶机厂生产的滚动茶青机做试验。在得到领导班子同意后，拨付专项资金在牌头西山东方红茶场等进行定点试验。试验结果证明选用滚动式杀青机加工烘青绿茶，不但节约 25% 的燃料，而且品质明显提升。

二是对揉捻机的选型试验。原来加工红茶揉捻时间一般至少要 90 分钟，红茶揉捻要求有 60% 的细胞破碎率，所以机器构造中的揉条角度、转速都要按这一要求来设计。改制烘青后，揉捻时间只需 40~60 分钟，而且只要求条索紧细、叶质细胞破碎率低，否则毛茶色泽转黑，所以揉捻机的更新换代成为改制中的又一项任务。

县茶叶科技站在接到任务后，走访调查了省内的所有茶机厂，最后选用每分钟转速低于 50 转的富阳产 265 型、65 型、55 型揉捻机，逐步淘汰 67 型揉捻机。在烘青改制中，经过反复试验而选定适用机械，这是制茶技术的一大进步，也是提高茶叶品质的一项技术创新，为今后的诸暨多茶类生产奠定了技术基础。

·农忙季节服务于基层，农闲时段活动于现场·

乘着"5 万担茶叶基地县"建设的东风，我县茶产业出现了前所未有的发展态势。茶园面积不断扩大，1983 底达到 12.67 万亩；茶叶产量逐年增长，1981 年突破 10 万担，1986 年突破 15 万担；茶叶质量明显提高，1—3 级茶点占总产量的 60% 以上。1986 年底，绍兴市农办组织绍兴市农业局、供销社、诸暨县农业局、供销社进行了一次广泛细致的精准调查。根据调查结果，平均每个农业人口有茶园 0.14 亩，每个农户产茶 47.1 市斤，茶叶收入 96.37 元，在农民平均收入不到 1000 元的历史条件下，茶叶在农村经济和农民收入中，确实占有举足轻重的地位。茶产业曾经、也正在为诸暨的跨越式发展做出贡献。

在"5 万担茶叶基地县"的建设实践中，全县 20 多名茶叶技术干部和 70 多名茶叶技术辅导员、近千名大队茶科员，在生产第一线忠于职守、吃苦耐劳、尽职担当，他们为茶产业转型升级和健康发展插上了科技创新的翅膀，把适用技术推广到全县错落有致的 12.6 万亩茶园之中、把科技论文谱写在美丽的暨阳大地。在农忙季节，大家按照年度工作计划，分步实施，一丝不苟，在不同岗位上履职尽责。从茶园管理到茶叶采摘，从鲜叶储存到初制加工，从集中培训到现场辅导，不管是集中成片的条栽茶园，还是拾级而上的梯坎茶地，还是犄角旯旮的丛栽茶山，都留下了全县茶叶科技工作者的汗水和足迹。与茶农同吃同住同劳动的工作作风，在茶叶加工季节风餐露宿的吃苦耐劳精神，体现了科技工作者的职业本色和时代特征，这将永远铭记在诸暨茶产业的史册之中。

在农闲时段，以行政区域为单位，每年都要组织技术培训，总结表彰、机械维修和保养，进行茶园冬季石硫合剂封园，低产茶园改造，优良品种引进，新茶园的种植发展，组织到先进单位参观学习等。在各种形式的活动中，留下了广大茶叶科技工作者的身影和声音。当时工作条件艰苦，纪律严明，下乡工作大部分是以自行车为交通工具，但不能每人配发一辆，工作紧张时，只有使用私人车辆或徒步行走。私车公用补贴管理非常严格，当时大家都自觉执行纪律严格遵守规章制度。

一个产业历史的发展离不开时间连贯性和空间的广泛性，随着历史的推移它逐渐构成一条长线、汇成一条大河。一代代茶人从血气方刚、充满青春活力的青年，到两鬓斑白、颐养天年，清晰有序的时间过程显得那么有力，真可谓是生生不息、薪火相传，前人为后人而自律，后人为前人而自强，形成一种回荡激扬的动力循环。我不由得从内心喊出艾青的诗句："为什么我的眼里常含泪水？因为我对这土地爱得深沉……"

存续今天与昨天脉络的
茶技术服务队伍

1952 年，诸暨建立全省第一家行政编制的县茶叶指导站，站长郑道禄。1953 年后改为农林科茶叶指导组，有茶叶干部 2 人。

1955 年，县农林局改设农业技术推广组，茶叶负责人李才聪，全县茶叶干部 5 人。

1956 年，县农林水电局设茶叶股，副股长李水有，有茶叶干部 8 人。

1959 年，县林业特产局设茶果股，副股长李水有、杨永泰，全县有茶叶干部 11 人。

1969 年，县农林水电局设农业技术服务站，周菲菲负责全县茶叶业务，全县有茶叶干部 9 人，茶叶辅导员 4 人。

1978 年，县林业特产局设茶叶股，副股长李才聪，全县有茶叶技术干部 11 人，茶叶辅导员 18 人。

1982 年，县林业特产局设茶叶股，副股长周菲菲，全县有茶叶技术干部 21 人，茶叶辅导员 35 人。

1985 年，撤销县林业特产局，设县农业局特产技术推广站，副站长陈元良负责全县茶叶业务，全县有茶叶干部 17 人，茶叶辅导员 17 人。

1989 年，撤销县农业局特产技术推广站，设县茶叶技术推广站，陈元良任站长，有茶叶干部 15 人，茶叶辅导员 17 人。

1992 年，诸暨撤县设市，基层撤区并乡，区农业技术推广站茶叶干部和乡镇茶叶辅导员编制到乡镇农业技术推广站，1999—2002 年 6 月期间马亚平任茶叶站站长，市茶叶技术推广站编制共 8 人。

2002 年 6 月，市农业局撤销市茶叶技术推广站，组建市经济特产站，李建华任站长，副站长何乐芝主持茶叶业务工作，有茶叶科技人员 6 人。

红茶烘干机研制成功

王家斌

20世纪50年代，浙江茶机首次在群众中开展技术革新。诸暨首创的红茶烘干机，通过鉴定后在茶区推广。陈观沧（省茶叶公司）、吕增耕（绍兴专署供销社）同志撰写的《红茶土烘干机介绍》，刊登在《茶叶》杂志1959年第1期上。后来他们又根据红茶烘干机的原理，将烧柴改为烧煤，在技术上不断提高，为创新各种类型的烘干机奠定了技术基础。

·红茶烘干机在这里诞生·

自1953年我大学毕业，服从全国统一分配，到浙江事茶、论茶已60多年了。已到耄耋之年的我，还清楚地记得1954年春去诸暨县了解茶叶生产的情形。当时由县茶叶技术指导站李水有同志陪同到距县城不远的城南乡邱村红茶初制厂，我看到妇女在茶山上采摘，厂里在加工红茶，到处都是一片繁忙景象。邱村初制厂有位茶农叫杨竞宇，是红茶初制技术"一把手"，他主动向我反映：做红茶太辛苦了，特别是烘培房内木炭高温燃烧，烘笼手工翻拌茶叶，劳动强度太大。他设计了一台土烘干机代替手工操作，用烧柴代替木炭，生产成本可大大降低。一听他的想法，我认为很好。他又初步讲了设计的原理、构图情况，陪同我去的李水有同志也认为是好事，可以试一下。我对杨竞宇说，等到春茶大忙季节基本过去，带上图纸到杭州省农林厅特产局来一趟，再做详细研究。

我回杭州后汇报工作时，把这件事情向领导讲了，大家都觉得这是很好的意见。过了几天，杨竞宇带了图纸到杭州来了，我与胡坪同志接待了他，听取了他的意见和打算，也提出了改进的方案。最后谈到试验经费问题，杨竞宇希望我们给茶叶初制厂补贴部分经费，我们也向领导

图为王家斌（左二）在《诸暨县茶叶产业结构调整》座谈会上发言。左三为时任绍兴地区农林局茶叶科长丁之东同志，左一为诸暨县农业局科教股长张生达同志，右二为时任诸暨县农业局办公室副主任叶启琳同志（摄于1986年12月）

做了汇报，领导同意给予补贴500元（当时大学毕业生月工资52.5元），并当面讲清楚：（1）500元经费一次性包干使用；（2）试验过程及时向我们汇报。

当年秋茶快结束时，杨竞宇和茶厂负责人来杭汇报试验结果，我与胡坪同志又接待了他们，经过多次反复试验、失败、改进、再试验，基本获得成功，但还需要进一步完善，可是试验经费已经花掉1000多元，需要第二次补贴。我们请示局领导要求再给补贴，领导开始并不同意，因为事前讲好包干使用，一次性补贴。我向领导再次反映：杨竞宇是贫下中农，他已经花了几个月的时间试验，人也瘦弱了许多，很辛苦，再说已经基本成功了，只需再补贴500元给邱村茶叶初制厂；他们虽然没有及时汇报试验进度情况，工作上存在缺点，但是确实认真反复试验，我们应该帮助支持茶区农民的技术革新；再退一步讲，要农民增加经济负担也说不过去，我建议邱村茶叶初制厂可以写个"说明书"再申请补贴，应该肯定成绩，毕竟试验基本成功，试验研究不可能一次成功，这是很正常的事，需进一步完善，组织参观，逐步推广，应给予补贴。领导同意我的意见，在《试验说明书》上又批了500元钱补贴。随后，我

烘干机炉膛内的发热铁锅（摄于 1954 年春）

陪杨竞宇、邱村茶叶初制厂负责人到财务处领取补贴费，他们激动得热泪盈眶，不住地感谢人民政府的支持。

在 20 世纪 50—60 年代，浙江茶机首次在群众中开展技术革新热潮，烘干机创新就是一个例子。这是诸暨群众首创精神的体现，意义重大。后来，通过鉴定在红茶产区还推广了"诸暨式"烘干机。再后来，又根据这个烘干机的原理，烧柴改用烧煤，在技术上不断提高，为创新各种茶叶烘干机奠定了技术基础。

茶叶科技工作者的摇篮

——绍兴市农业学校

王基立

绍兴市农业学校的前身是建于1878年的浙江蚕业专科学校。在战乱时期几经易地，中华人民共和国成立后，这所全省唯一的蚕业专科学校为国家培养了大批的种桑和养蚕技术人员。

毗邻于蚕校的同文中学（即牌头中学）的校园中，在1968年开始兴建诸暨第二丝厂（即牌头丝厂）。原牌头中学的教师、图书馆和实验室同时拼入牌头蚕校，当时农村急需科技人才，诸暨县委决定将蚕校和牌头中学合并，成立诸暨县五七农校，我就是随着两校合并而进入五七农校工作的一名教师。

·历史的变迁·

当时国务院农林、财贸两办公室发通知，指出：目前，许多茶区由于茶叶生产发展，茶叶技术人员不足，解决茶叶技术人员的办法，首先要由当地自行培养解决。根据这一文件精神，诸暨五七农校应运而生。

1970年，诸暨县五七农校开始招收第一届茶叶班学员。经调查汇总后，决定招收学员38名，学制一年。学员基本上是重点产茶大队的主任或茶叶专业队队长。

1971年初，诸暨县革委会宣教组下达文件，决定招收两年制茶叶专业工农兵学员，合计招收51人，同时招收的还有蚕桑专业100人，农学专业50人，后设在原学勉中学的"红师班"和"文艺班"也并入农校，这部分学员大部分是老三届初中生和地方上的青年骨干，文化基础比较好。

1977年，学校改名为"诸暨五七农业大学"，当时我们采取各种办法，让优秀的农村青年进入学校学习。随着"四个现代化"步伐的加快，

越红
工夫茶

一九七零届茶叶班同学毕业合照

一九七三届茶叶班同学毕业合照

后来正式更名为绍兴市农业学校，列入国家统一招生和分配计划。根据全省中等农业学校的布局和绍兴市茶叶产业发展的需要，除农业、蚕桑、畜牧专业外，1978年茶叶专业计划招生43名，生源来自绍兴市范围的应届中考生，这是绍兴市农校建立后第一届茶叶班，也是最后一届（后因全省综合性平衡的需要，茶叶专业归杭州农校招收）。

·茶叶科技工作者的摇篮·

牌头中学并入农校后，我因毕业于浙江农大茶叶系，所以一直担任专业教师，对这几届茶叶专业毕业班的学生，不仅感情亲切，而且对他们踏上社会后所做的贡献感触很深。尽管时代背景不同，但这些学生有几个共同的特点。

1. 专业性强

前后四届茶叶班毕业生，第一届38名同学毕业后，有34名同学担任茶叶专业队队长、4名担任区一级茶叶技术辅导员，他们为当时的茶叶生产大发展起到了技术骨干的作用。这届同学现在大部分已退休。

一九七七届茶叶班同学毕业合照

一九七三届茶叶班的学生走出校门后，有 26 位同学被当时的区农业技术推广站、供销社聘请为茶叶技术辅导员。其中有 4 位同学重新进入高等院校学习深造，像张满土同学在浙江农大茶学系毕业后，重新回到农校当教师，担任一九七八届茶叶班班主任。这届同学在诸暨茶叶生产基地县的建设中起到了先锋队的作用。

一九七七届农大毕业生，在当时生产大队时一级茶叶专业队技术人员需求强烈的社会背景下，近一半以上毕业生担任大队植保员和科技组长，成为新一代的茶区技术力量。

对于一九七八届茶叶班学生来说，时代给他们创造了优越的学习环境和工作条件，毕业后全部分配到绍兴市各县（区）农（林）局和国营茶（林）场工作，解决了当时基层茶叶技术人员"青黄不接"的问题。这届同学由于理论基础扎实，加上在实践中的锻炼，具有丰富的基层工作经验，成为绍兴市茶叶产业发展的技术中坚力量。

2. 事业心强

在茶叶班毕业的学生，他们以振兴绍兴茶产业为己任，不管在任何环境下，都把青春热血洒在茶叶事业发展的历史进程中，辛勤地工作、默默地奉献。把"廉、美、和、敬"的"中国茶德"精神实践于生命之

一九七八届茶叶班同学毕业合照

中。除茶叶专业以外，在农校毕业的其他专业的许多学生，在不同岗位上也做出了优异的成绩。有人说农校是绍兴的"黄埔军校"，我说这是名副其实。

3. 工作能力强

一九七九届茶叶班的毕业生中有多位同学不但主持一个县（市、区）的茶叶技术工作，而且在茶叶事业上大有作为，成为茶叶行业中的领军人物和茶界精英。

随着历史的变迁，绍兴市农校已经悄然消失，这块古老的校园已经千疮百孔。但是，历史发展的基本线路离不开其间的过程，过程的完整性、连贯性构成一幅巨大的画面。当你看到前后四届茶叶班毕业生的合影照片，你会发现那些充满青春活力的眼神是多么可贵。我们不由从内心中呐喊：绍兴市农校！我们亲爱的母校！茶叶科技工作者的摇篮，我们永远爱您！

弘扬茶人精神　献身茶叶事业

陈元良

　　1991 年 4 月下旬，我正在杭州参加由中国农科院茶叶研究所组织的制茶专用油新产品开发研讨会，突然接到农业局人秘股电话，说李水有先生病危，命我速赶至嵊县。因当时交通不方便，三转四转赶到嵊县舜皇山时，李水有先生已经静静地躺在一块门板上（当时嵊县还没有殡仪馆），永远离开了我们。他的表情好像是还有许多话要跟我们说，又来不及讲就这样匆匆地走了。我同陆道铭、张满土等同志久久伫立在他的身旁，忏悔中留下了深深的遗憾，默默地祈祷他一路走好！

　　李水有先生出生于 1927 年，祖籍嵊县。1952 年，在杭州速成茶叶干训班结业后，他被分配到诸暨工作，曾任诸暨县林业特产局副股长、牌头区农业技术推广站茶叶技术干部等，1980 年退休离职。

　　李先生到诸暨工作时，正是茶叶生产复兴发展的时期，有大量遗留下来的老茶园要垦复，新茶园要开辟，他一直奔走在暨阳大地的荒山野岭，他经常穿着"赤脚草鞋"与农民一起爬山越坡，在工作上和农民合作在一起，在生活上和思想上同农民联系在一起。20 世纪 50 年代，按照当时的科技水平和生产现状，李先生带领全县茶叶技术干部，从生产布局到茶厂建设、从加工技术到品种改良，在诸暨茶区的每一个角落里，都留下了他们的足迹和汗水。李先生对全县茶叶重点产区的历史、现状、成绩、问题，甚至小到一个地块的情况和副业队长的名字，他都如数家珍。茶叶产区几乎无人不知道"李股长"。一代茶人的精神遗产，将永远激励后人奋发有为。

　　李先生非常注意和重视资料的收集和积累。20 世纪 50 年代，当地没有私人照相机，只有照相馆，对一些重大活动和示范基地，他会想方设法请照相馆实地拍摄，然后将自己收集到的各类资料保管在一只樟木柜中（现仍保存），为后人留下珍贵的记忆和实物，也为我市挖掘、传

杭州国际茶文化研讨会合影（摄于1990年10月）

李水有：基层代表（左一）；叶尚青：浙江美术学院教授（左二）；箭报纲：湖北天门市农林局（右一）；周良茂：湖北天门陆羽研究会长（右二）

承和弘扬茶文化留下了可贵的历史资料。

值得一提的是，李先生一直身体硬朗，没有重大疾病。他的突然离世，使人感到茫然不解，其实这是李先生为茶叶事业耽误就医而献出了生命。

李老退休回到老家，他的家乡是一个老茶区，交通不便，主要生产加工大宗珠茶，农民收入很低。李老帮助村里成立了名茶生产者协会，从杭州请来师傅研究、开发"舜皇山"名茶。到1988年，全村已有70%的农户掌握了制作技术，农民收入大幅提高。李老四处奔波，潜心带领农民培育品牌，商标注册的是"舜皇云尖"。1990年10月，李老作为唯一的基层代表参加了杭州国际茶文化研讨会。他专门写了一封信给我，信中写道："天涯海角聚一堂，万古长青传世代。"

1991年春茶开采后，李老对鲜叶标准、采摘时间、加工质量等环节都进行了仔细筹划。由于劳累过度，李老患了病毒性感冒，按理应该休息就医，但茶叶季节性强，为了赶时间加工参评茶样，李老坚持带病炒茶。这样坚持两天后，他忽然晕倒在地。救护车到不了村庄，只能用拖拉机将李老送到山下，再换救护车送到嵊县人民医院抢救，不幸的是，已为时过晚，医治无效。李老离开了我们，"舜皇云尖"获杭州国际茶文化节名茶银质奖。这块奖牌，饱蘸着李老自己无数的心血和汗水，甚至生命！

李老在世时，在不少场合也曾经以茶喻"茶人"。他对"茶人精神"的理解是：茶哪怕生长的环境是偏谷荒野，也从不顾自身给养的厚薄，也不管酷暑严寒，每逢大地回春时，便尽情抽新发芽，任人采用，周而复始地默默为人类做出无私的奉献，直到生命的尽头。"茶人"也应具有这无私的奉献精神，有博大的胸怀，为人类造福。李老以身许茶的精神，一直感染着我们，激励着我们新一代茶人，积极做好本职工作，参与茶文化活动，投入茶文化建设，为努力弘扬祖国的茶文化事业而尽职尽力。

值得告慰李老的是，茶人精神逐渐深入人心，正得到广泛的传播并逐渐发扬光大。茶文化的内涵已更加丰富，弘扬茶文化活动正在蓬勃开展，茶叶事业依靠党的政策、科技和广大茶人的智慧，正朝着健康的方向不断地发展、前进，李老请安息吧！

留在茶山上的脚印

陈元良　骆冬英

　　在赵家镇宣家山的外宣村，住着一位长期事茶的李才聪老师。虽然他已是 85 岁的高龄，但还保持着矫健硬朗的身体和旺盛的精力，平时还到山地上参加一些力所能及的劳动。令人惊讶的是，李老师看书读报时不戴老花镜。"喝茶清心明目、品茶健康长寿"在李老师的生命实践中再一次得到了印证。

　　李老师是我们绍兴农校的启蒙老师之一，教我们"茶叶加工"这门课。

　　李老师祖籍温岭，1950 年在杭州农校毕业后，即被分配到杭州西湖区从事茶叶生产管理和技术推广工作。1952 年，省府决定在诸暨等地改制红茶，李老师被调至诸暨农林局茶叶指导站工作，从此开始致力于诸暨的茶叶事业。

　　诸暨是一个历史悠久的绿茶产区，在当时的技术和机械设备条件下，要改制茶类既受到生产基础上的限制，也存在科技力量不足、技术工人短缺的难题。李老师调到诸暨工作后，与郑道录、李水有等同志一起，着手规划诸暨茶业的恢复和发展，向县政府及时提出"有计划改造老茶园以提高茶叶产量；同时在牌头城南等地开辟茶园，推广条栽技术，相对集中发展"的战略建议。李老师蹲点东溪山区，一面指导茶区茶园改造，一面着手茶类改制。像当时推广应用的木质揉捻机，按照红茶揉捻的技术要求，边使用边改进。木质揉捻机在 1955 年得到迅速推广，全县使用量达到 187 台，明显提高了劳动生产率和茶叶质量。由于养成了步行下乡的习惯，李老师至今还不会骑自行车。按李老师的话说："这是（20 世纪）50 年代农村干部的职业特征。"

　　1958 年，李老师既要负责协调山口茶厂的建设，又要在山口茶校给学生讲课辅导。1960 年 10 月，中国茶叶总公司浙江省分公司经理于济源陪同苏联格鲁吉亚红茶初制厂厂长等人，到地处东溪山口的诸暨红茶初制厂交流制茶技术，他们对诸暨红茶的产品质量赞不绝口。这里倾注着李老师的心血和汗水，因为当时既无现成设备，又无现成的工艺流程，在茶季开始后，李老师和茶厂的技术人员、工人们一起，边摸索、边试验，在实践中摸索提高。为保证鲜叶质量，李老师踏遍东溪茶区的东南西北、上坂下坂、现场指导采摘技术，在层峦叠嶂、群山起伏的茶地上留下了深深的脚印，也留下了一代茶人的时代特征。

1971 年，绍兴农校开始招生，李老师到农校任教。1973 年因工作需要，他被调至诸暨县林业特产局任茶叶股副股长。李老师凭借着他多年的农村工作经验和技术素质，在工作上兢兢业业，在协助指导兴建诸暨茶厂的同时，从 1979 年开始，分两年完成了"红改绿"的改制任务。随着绍兴农校茶叶班毕业生的逐年充实，形成了一支农商部门茶叶技术干部 24 人、技术辅导员 85 人的茶叶技术推广队伍，他们为诸暨茶叶生产的发展提供了科技支撑，奠定了实现"全国 5 万担茶叶生产基地县"的坚实基础。

李老师在 1983 年离职休养，尽管他没有亲身经历茶叶生产责任制、

李才聪老师（右二）参加一九七三届茶叶班同学会（摄于 2009 年 10 月）

李才聪老师（左一）与学生交流（摄于 2009 年 10 月）

茶叶市场放开经营、名优茶开发等历史阶段，但李老师那种不喜空谈、崇尚实践的工作作风，永远激励和影响着一代代茶人不断充实和发展自身。

李老师在茶园中留下的脚印，深厚、坚实！他的精神在诸暨茶叶发展史上一定会代代相传。

为诸暨的茶叶事业尽责担当

陈元良

周菲菲同志祖籍杭州，1962 年毕业于浙江农业大学（现浙江大学）茶学系后，被分配到诸暨县林业特产局，从事茶叶技术研究和应用推广工作多年，其间主持诸暨茶业工作 15 年。

·在基层农业技术推广站工作的年代·

周菲菲同志被分配到诸暨的年代，正遇因茶树的过度采摘，导致诸暨茶产业陷入"一年失误，三年减产，十六年翻身"的被动局面。20 世纪 60 代初，刚处于茶产业的恢复期，但生产力水平的低下和农村物质

周菲菲同志在绍兴市茶叶学会成立大会上，当选为常务理事。图为在大会上宣读《诸暨茶业发展现状及建议》的论文（原市茶叶技术推广站珍藏照片，摄于 1986 年 11 月）

水平的落后，茶产业的发展处在一个极度困难的时期。组织上安排周菲菲同志在枫桥区农业技术推广站工作。因枫桥区是浙江省钱塘江以南茶园面积最大，向国家投售商品茶数量最多的一个区域。怀着对茶叶事业的赤诚之心，年轻的周菲菲同志不畏严寒酷暑，风吹雨淋，在枫桥区 15 个山区镇乡（原来叫公社）的大地上，怀着对茶叶事业的赤诚之心，留下了深深的足印，与广大茶农结下了深情厚谊，被亲切地称为"周同志"。

周菲菲同志（中）在直埠茶厂评审红碎茶质量，右为直埠镇茶叶技术干部张田土同志（原市茶叶技术推广站珍藏照片，摄于 1986 年 5 月）

枫桥区当时有 185 个生产大队种植、经营茶叶，其中建立茶叶专业队的有 157 个。浙江省供销社直营的诸暨山口茶厂地处枫桥区的东溪乡，在盲目增加产量的背景下，大批茶园缺肥少药，病虫害发生严重，茶树采摘面小，鸡爪支多，茶芽瘦小，且对夹叶比例高。针对这些问题，周菲菲同志与其他茶叶干部一起，深入茶区调研，与广大农民同吃、同住、同劳动，制定技术方案，广辟有机肥源，研制土农药防治病虫害技术，组织重点产茶大队去绍兴县上旺大队参观学习。经过8年的努力，到1970年枫桥区茶园面积达到23515亩，茶叶产量达到8500担，同时配合当地供销社，构建三级茶叶技术服务网，重点培训大队"赤脚"技术员，有效促进了茶叶生产的发展。

· 在茶产业转型期的奔波 ·

在周菲菲同志主持全县茶叶工作期间，茶产量经历了三个转型期。第一个转型期是中央提出在全国建立18个茶叶生产基地县（市），要求茶园面积达到10万亩以上，茶叶产量达到5万担以上，毛茶商品率达到95%以上（要求95%的毛茶投售给国家）。当时诸暨茶园面积接近10万亩，茶叶产量距要求也还有一定的距离。为了争取入选基地县，

参加浙江省茶叶学会年会合影
左起：毛国雄（市茶叶技术推广站技术干部）、周中立（市土产公司茶叶股股长）、童霏霏（璜山区农业技术推广站茶叶干部）、陈元良（市茶叶技术推广站站长）、赵水章（市土产公司特产股股长）、李水有（牌头农业技术推广站退休茶叶干部）、方炎鑫（三都农业技术推广站站长）、周菲菲（市茶叶技术推广站高级农艺师）、何茂礼（诸暨茶厂厂长）（原市茶叶技术推广站珍藏照片，摄于1987年11月）

周菲菲同志在当好领导参谋的同时，在全县设立联系点，建设丰产方，引进优良品种，在 1977—1979 年期间，全县新发展茶园面积 2.6 万亩，1979 年全县茶园面积达到 11.5 万亩，茶叶产量突破 9 万担，而且根据国家的计划要求，诸暨由外销茶基地调整为内销茶基地，在两年内完成了"红改绿"的改制任务。诸暨的茶产业实现了历史性的跨越。这里凝聚着周菲菲同志的日夜奔波操劳所消耗的精力，体现了周菲菲同志较高的组织协调能力和扎实的专业基础。

第二个转型期是 1982 年实行家庭联产承包责任制和 1983 年的茶叶市场放开经营。经历了 30 多年的茶园集体管理，产品由国家统购统销的茶叶生产管理和经营体制，改为家庭联产承包、茶叶市场实行多渠道经营，茶叶生产管理部门面临的考验是严峻的。在县委、县府的统一部署下，从 1982 年底开始至 1984 年底，全县 12.6 万亩茶园有 75% 实行家庭联产承包，茶叶产品在照章纳税的前提下，可以自由买卖和流通，催生了一大批能工巧匠、社会精英，他们走南闯北，贩销诸暨茶叶，兴办乡镇精制茶厂。有些贩销户今天已经在全国茶叶销区兰州、包头、沈阳、西安等地安营扎寨、娶妻购房、养儿育女，茶叶经营成为他们的终身职业。在这一转型期中，周菲菲同志承上启下，协调各种矛盾，推广先进经验，做出的成绩是显著的。在她的领导下，诸暨茶叶产销体制改革领先于全省同行。

第三个转型期是传统名茶的恢复创新。茶叶市场实行多渠道经营后，供求关系发生了深刻变化，随着改革开放的深入，茶叶消费理念和饮茶功能逐渐为市场所接纳。从 1981 年开始，周菲菲同志及时组织相关茶叶专业技术人员，对诸暨传统名茶石笕茶的历史渊源、制作工艺、产品特征进行了系统的调查研究，并制订计划，在取得领导同意后，连续 3 年在东白山的龙门顶进行试验研究。在浙江省农业厅的大力支持下，1983 年石笕茶获浙江省优质名茶称号，1984 年被评为浙江省首届十四大名茶之一。在石笕茶品牌效应的作用下，诸暨相继开发了西施银芽、五泄毛峰、榧香玉露、天龙红梅、紫云菊花茶等地方名茶，先后获得农业部优质茶、杭州国际茶文化博览会文化名茶、绍兴市名茶等称号。周菲菲同志还亲临马剑山界尖，指导研制马剑名茶，为诸暨针形茶的开发奠定了基础。

·在茶资源综合利用中的创新·

茶产业从指令性计划转型为指导性计划、由国家单一渠道经营转为多渠道经营后，对茶叶资源利用实行多茶类组合加工，既成为一个茶产业结构调整的方向，又是一个新技术推广应用的课题。针对夏秋茶鲜叶资源加工烘青毛茶成本高、效益低的问题，周菲菲同志通过行业联谊网络，分别在宜东茶厂、东和茶厂、直埠茶厂、外陈茶厂引进四条红碎茶加工生产线，组织去广东英德定制选购制茶机械，在湖南聘请制茶师傅，并通过浙江省农业厅与广东省茶叶进出口公司签订购销合同。1985—1988年共生产加工符合国家四套标准样的红碎茶4500吨，为企业创造产值3150万元，为政府创汇250万美元，为当时的社会经济建设做出了贡献。

一个产业在转型期，其历史背景和产业现状扮演着重要角色。周菲

周菲菲同志（前左二）主持"长白蚧测报数理统计"课题（省级）鉴定会，前左一为中国农科院茶叶研究所吕文明研究员（原茶叶股珍藏照片，摄于1986年12月）

菲同志为发展诸暨的茶叶事业，在不同的历史条件下尽责担当，做出了无私的奉献。周菲菲同志那种对事业忠诚、业务水平扎实、注重调查研究、密切联系群众的工作作风，影响和教育着一代代茶人，续写着"貌似西施秀美，质似王冕清高，烘炒璧玉结合，别出一格其窍"的诸暨茶产业新篇章。

衷心祝愿周菲菲同志在西施故里茶的馨香中、幸福而又健康地跨越"茶寿"！

依依茶山情

陈元良

1968 年,毛国雄同志毕业于浙江农业大学（现浙江大学）茶叶系,被分配到舟山普陀山林场任工程师。1976 年,他被调回诸暨,先后分别在县林业特产局和市农业局担任农艺师和高级农艺师职务。他于 2005 年光荣退休、离职休养。毛国雄同志是我市传统石笕名茶恢复和创新的学科带头人,为诸暨名茶事业的发展做出了无私的奉献。

·历史渊源·

根据编纂《浙江通志·茶叶卷》的工作人员介绍,综合历史资源的

毛国雄同志（右二）与研发团队的科技人员钟性培（左一）、张泉标（右一）、斯均国（左二）在研究制定石笕茶鲜叶的采摘标准（摄于 1983 年 4 月）

考证，浙江名茶最早的记载是"瀑布岭仙茗"。在 1201 年修编的《浙江通志》中记载道：会稽之茶山茶，山阴之花坞茶，诸暨之石笕岭茶。石笕茶亦有东白山山麓龙门顶一带产茶，古称"瀑布岭仙茗"的记载。据史料分析，早在唐代，东白山上已有僧民上千，禅林香火不绝。僧民因打坐和待客的需要，开始在东白山上种植茶树，由此可见诸暨的茶产业发展历史悠久，植根于东白山的诸暨茶文化源远流长。

　　我市的茶产业与其他产茶区一样，在自 1840 年鸦片战争以来的历史变迁中，受到战乱和统治阶级压榨与茶商盘剥的影响，不仅生产每况愈下，而且使许多优秀的地方名茶销声匿迹，被迫退到历史的深处。中华人民共和国成立后，随着社会经济的发展，茶叶一直属于国家严格控制的出口商品之一，20 世纪 50—60 年代茶叶的商品率和出口率分别在90% 和 60% 以上。茶类结构和价格定位都是在国家指令性计划经济的框架下形成，茶叶产区自吃茶都是下脚茶和茶片茶末，发展和加工高档茶叶只能说是一个美好的梦想。

毛国雄同志在设备简陋的条件下，专心研制石笕茶加工工艺（摄于 1982 年 4 月）

· 转型时期 ·

党的十一届三中全会以后，改革开放的春风吹出了茶产业发展的蓬勃生机。家庭联产承包责任制推行后，全市 12.6 万亩茶园中的绝大部分被分户承包。根据国家计划要求，诸暨从外销茶基地改为内销茶基地，于 1978 年投资建成年产 10 万担茉莉花茶的诸暨茶厂，更值得纪念的是 1983 年国家对茶叶市场放开，从原来的单一渠道改为多渠道经营，在收购和加工环节中为广大茶农创造了就业岗位和创业机会。许多能工巧匠因地制宜，兴办精制茶厂或走南闯北从事茶叶贸易，在踏遍千山万水中争取市场份额和扩大消费市场，在吃尽千辛万苦中掘到了第一桶金，在想尽千方百计中把诸暨的茶产品带到大江南北。茶产业进入了一个新的发展时期。

1979 年 11 月，县委召开了全县山区工作会议，落实我县被列入全国 100 个茶叶生产基地县后的发展规划和具体措施，同时把恢复创新传

石笕茶被评为浙江省首届十四大名茶后，著名茶叶专家、浙江大学茶学系教授张堂恒先生（左三），举行亲笔题字条幅的馈赠仪式。左二为浙江省农业厅高级农艺师胡坪同志，右四为绍兴市农业局高级农艺师马永皎同志（摄于 1985 年 11 月）

统石笕名茶也列入计划，组织上决定由毛国雄同志组团负责产地调研，历史资料收集，加工工艺的拟定和研制等工作，在历史长河中沉睡几百年的传统石笕名茶，将要重新焕发青春光彩。

·产地调研·

根据当时的茶区和茶叶科技人员的分布状况，毛国雄同志与原陈蔡区农业技术推广站茶叶技术干部钟性培、张全标、斯均国等同志组成研发团队，分头对石笕茶的历史渊源和品质特征，采取走访、座谈、实地踏勘、档案馆查阅资料等形式，进行了系统的归类和整理。斯均国同志在龙门顶一住就是半个月，对茶树的生长环境、茶叶资源的利用和加工情况，开展了深入细致的调查，并形成书面材料，呈送当时的领导审阅。

在实地调研的同时，毛国雄同志四处奔波，对凡是有石笕茶历史记载的蛛丝马迹，都要去仔细查阅资料和向当事人了解情况。南宋高似荪在《剡录》中有"越产之擅名者，有会稽之日铸茶，山阴之卧龙茶，诸暨之石笕茶"的记载；东白山脚老年人所提供的史料表明，千柱屋主人斯元儒用红茶换取桐油而发家致富；20世纪40年代中国茶叶公司经营斯宅大兴茶厂的记载，证明了东白山麓所产茶叶像明修编的《浙江通志》中记载的那样"诸暨各地所产茶叶，质厚味重，而对乳最良，每年采办入京，岁销最盛"。这些基础为传统名茶石笕茶的恢复和创新，提供了翔实的历史资料。

·工艺研制·

延续上百年的一芽二三叶大宗茶采摘方法，明显不能达到石笕茶的制作要求。据当地老农回忆：古传的石笕茶外形是雀舌状，茶芽形态必须是一芽一叶，叶短芽长。毛国雄同志和团队其他科技人员一起，悉心研究制作石笕茶鲜叶的采摘技术，制订切实可行的方案，确定"一芽一叶"为标准，手把手地辅导当地采茶人员。通过3年的努力，以"一帮一"的循环形式，培养了一批采摘用于石笕茶制作的专职采茶队伍，他们为研制石笕茶提供了原料保障。

在东白山上，再现当年手工加工石笕茶的场景（摄于 2014 年 9 月）

在加工工艺上，对"揉捻"和"做形"两个技术环节进行了重点攻关。揉捻是形成茶汤滋味的关键。当时没有微型揉捻机，只能采用传统方法，用帘子揉捻试制的石笕茶，外形像毛峰类，缺乏特色。毛国雄同志带领团队其他科技人员，去江山、金华等地学习取经，并在多种加工工艺中精心筛选的基础上，确定了石笕茶揉捻采用"帘子双手向前往返不倒揉""整形锅温控制在 90℃左右，茶叶抛炒斜角由 45°变为 90°直角"的方法。这两项加工技术，成为石笕茶工艺恢复创新的核心技术，也是决定石笕茶"外形挺秀、色泽绿翠、滋味鲜醇、汤色翠绿明亮、叶底细嫩成朵"的关键所在。这里凝聚着毛国雄同志及他的团队全体科技人员的辛勤劳动。

· 金榜及第 ·

在形成石笕茶的加工工艺和品格特征后，从 1981 年开始，每年都要送样至浙江省农业厅，参加全省名优茶评比，当年就获得浙江省优质名茶的称号。在 1984 年全省首届名优茶评比活动中，石笕茶以 96.1 的高分获浙江省十四大名茶之一的称号，这不仅标志着我市茶产业的发展开始进入一个新时期，而且诸暨已经成为一个名副其实的产茶名市。专家们对石笕茶的评语是"外形挺秀、色泽绿翠、滋味鲜醇、汤色翠绿明亮、叶底细嫩成朵"。中国著名评茶专家、中国农科院茶叶研究所研究员俞寿康先生对诸暨石笕茶的评价是"貌似西施秀美、质似王冕清高、烘炒璧玉结合，别出一格其窍"，把诸暨的人文地理和石笕茶的品格特征描绘得淋漓尽致。

在近5年传统石笕名茶恢复创新的过程中，毛国雄同志每年都带领团队科技人员，吃住在东白山的龙门顶。每到采茶季节，他们白天辅导采茶，晚上在煤油灯下手工制作石笕茶。毛国雄同志以他对工作一丝不苟的敬业精神，赢得了茶界同行的信任和支持。

每年到东白山制作参评样品，毛国雄同志都会带上一只小铁箱，里面放上生石灰作为干燥剂。样品制作完成后，再从山上挑到山下。为防止茶样振动受损，他们团队几位科技人员轮流挑担，到陈蔡乘坐公共汽车，毛国雄同志总会把茶箱抱在腿上，防止因汽车的颠簸而使茶样受损，这往往会招来同车旅客的好奇张望和窃窃私语。

山还是那座山！水还是那种水！茶树还是那样的生机勃勃、郁郁葱葱！在岁月的流逝中，毛国雄同志和其他的几位科技人员都已陆续退休。但他们那种对工作认真负责、尽责担当的精神，永远激励着一代又一代的茶人在茶叶事业的不同岗位上敬业奉献。在重阳节来到之际，毛国雄同志带领他的团队，意气风发，重上东白山。他们在茶地上流连忘返，在茶灶边浮想联翩，在茶中回首往事，衷心祝愿诸暨茶产业兴旺发达，在"茶叶强市"的建设中创造更加灿烂的辉煌。

毛国雄同志和他团队的同志们，一定会在氤氲的茶香中，快乐、健康地跨越"茶寿"。巍巍东白山为你们做证！

鸡冠山上飘茶香

陈元良

周伯杨同志，1973年3月毕业于浙江农业大学（现浙江大学）茶学系后，被分配到原五泄区农业技术推广站工作，从事茶产业应用技术研究和适应技术推广。1992年，区农业技术推广站撤销后，他被调入市经济特产站工作至退休，可谓长期从事茶叶事业。

五泄区位于诸暨西部，管辖9个乡镇、87个行政村，是一个低山丘陵比较集中的区域。三界尖、扁担山、鸡冠山三山鼎立，五泄风景区的发源地五泄瀑布贯穿于境内，与桐庐、浦江、富阳相接，群山起伏，山清水秀，属于典型的亚热带气候特征，给发展多年生木本经济作物创造了优势明显的生态环境。茶叶是这一区域内的传统产业，对发展农村经济举足轻重。在这一幅绿山青溪的画卷上，血气方刚、充满着青春活力的周伯杨同志，以他在大学里掌握的种茶和制茶的知识及技术，开始书写他奉献茶叶事业的人生之路。

周伯杨同志刚到五泄区工作时，全区茶园面积为7850亩，其中30%是老茶园，茶树衰老、单产很低。而种植发展的新茶园，由于受到各方面条件的限制，管理不当，严重缺肥，茶叶产量和质量明显低于全市平均水平。1973年，全区茶叶产量为4842担，全年销售平均价128元/担（当年全市茶叶平均价为132.50元/担）。

针对这一现状，周伯杨同志靠着自行车和一双脚，餐风宿雨，踏遍了全区87个村庄的茶园，广泛听取农民对发展茶产业的意见和建议。他制定出五年发展规划，向五泄区委、县林业特产局做出书面报告，提出"改造老茶园和发展新茶园"相结合的具体措施，力争5年内全区茶园面积超万亩，茶叶产量超万担。

当时周伯杨同志坚持"发展生产"的理念，采取灵活机动的工作方法，及时向领导参谋建议，借助时代潮流，使全区茶叶生产实现了飞跃。

周伯杨同志（左）在原青山乡坎头村，现场指导老茶园改造（摄于 1983 年 10 月）

1978 年，全区茶园面积达到 16298 亩，茶叶产量为 10172 担，投售平均价 140.18 元 / 担（当年全市平均价为 138.42 元 / 担）；1982 年五泄全区茶叶产量达到 15023 担，投售平均价达到 142.32 元 / 担。茶叶产量的增长和茶叶收入的增加，为发展农村经济起到有力的推动作用。

根据 1981 年原诸暨县供销社统计评比，五泄区创造了两个之"最"。

——第一个之"最"是亩平均产量最高的乡是五泄区的柱山乡（原称平山公社）。其全乡茶园面积 1206.06 亩，1980 年全乡产茶 2353 担，平均亩产达到 1.95 担（当年全县平均亩产为 0.85 担）。这一乡的楼家村，7 个生产队、240 户、1034 人共发展茶园 291.8 亩，1981 年其茶叶产量达到 943 担，以村为单位统计全县第一，其中面积为 24.51 亩的丰产产园，平均亩产突破 10.26 担。1978 年底，全县在这块丰产茶园内召开了山区工作会议，宣传和推广这一先进经验。

在 1987 年的绍兴市名茶评比会上，"五泄毛峰茶"获全市第一，时任绍兴市农业局副局长顾洵武（右）为周伯杨同志授予奖状（摄于 1987 年 5 月）

——第二个之"最"是平均户产茶最多的村，是五泄区青山乡的下文村，全村 84 户、382 人，其有 147 亩茶园，1980 年产茶 326.57 担，产值 47493 元，平均户产茶 3.47 担、创茶叶收入 507 元。在当时的历史背景下，确实是可堪一记的榜样。

·与时俱进，在鸡冠山上开发名茶·

1985 年底，县政府邀请浙江省茶叶学会原理事长、省农业厅高级农艺师胡坪先生，到我县做茶叶产销学术报告。其间观赏游览五泄风景区时，胡坪先生提议利用位于风景区东侧鸡冠山茶园的鲜叶为原料，研制一种能代表"小雁荡"自然风貌、地方特色浓厚的名茶，并亲笔为五泄毛峰茶题字。领导把这项研制任务交给了周伯杨同志。

鸡冠山海拔 692 米，依傍于五泄风景区。这里有一个林场，茶园近 100 亩，是岗顶村民以愚公移山的精神，肩挑基肥 10 余里上高山，经过 3 年的艰苦努力，才在鸡冠山顶种植成片茶园，独特的生态环境给开发名茶创造了条件。

在接受任务后，周伯杨同志吃住在山上，对从鲜叶采摘标准到制作工艺等一系列流程，进行了深入调查和认真分析。尤其是对如何保持鸡冠山茶的兰花香的问题，在制定加工工艺时，他参阅了大量的科技文献和同类产品的资料。当时山上不通电，所有工作全部手工完成，其工作难度可想而知。周伯杨同志以他对工作认真负责的精神，经过两年的努力，成功开发五泄毛峰茶。在 1987 年绍兴市名茶评比会上，专家们对五泄毛峰茶的外形、香气、滋味、汤色、叶底 5 个指标进行严格审评后，给出了 99.5 分的最高分。1989 年，五泄毛峰茶获绍兴市人民政府科技进步三等奖。这些都凝聚着周伯杨同志的辛勤劳动。

· 技术援外，两次赴马里 ·

1991 年，省农业厅致函诸暨市农业局，指令委派一名经验丰富的茶叶科技人员，去位于非洲西部的马里共和国指导茶树种植和茶叶加工。组织上经过认真研究和考察后，决定由周伯杨同志作为专家组人员赴马里技术援外。周伯杨同志在马里工作了 3 年多的时间。他多次受到嘉

周伯杨同志（左一）做五泄毛峰茶制作工艺研究报告（摄于 1988 年 11 月）

奖，得到了省农业厅的好评。由于工作需要，2000 年，周伯杨同志再次参加由温州茶厂组成的专家组，赴马里援助茶树种植和茶叶加工，至 2003 年圆满完成任务回国。

茶！你是大山的儿子，是南方母亲用勤劳和智慧的双臂，托付给漫漫征途。在灼热的高温考验中，你的躯体变得更加结实、干练，品质变得更加醇厚、芳香。

茶人，在坎坷路途中接受着各种考验，在岁月的流逝中历经千辛万苦，但是挺直脊梁、矢志不移。他们借寓翠绿的茶园，奉献出生命中全部智慧和精力，深情融融地滋润着人们的肺腑，然后，积攒一掬骨骼悄然离去。周伯杨同志，你一生事茶的不折不挠精神，就是一位茶人在奋斗中最精辟的传记。愿你在鸡冠山的茶香中，欢度晚年，逾越"茶寿"。

青春泪洒茶园中

陈元良

方炎鑫同志祖籍建德，1958 年 7 月毕业于原杭州农校（现浙江万向学院）茶叶专业，同年 8 月被分配到诸暨工作，自此致力于茶叶事业，直至 1998 年光荣退休。

方炎鑫同志胸怀抱负踏入茶园，是中华人民共和国成立后首批从专业学校毕业的基层茶叶科技工作者之一。

当时根据中国茶叶总公司浙江省分公司要求，诸暨提供的越红工夫

方炎鑫同志（右）与茶叶专业户朱自力签订技术承包服务合同。图为其现场指导老茶园的更新改造（摄于 1983 年 10 月）

方炎鑫同志（前排右一）与三都区参加全县采茶比赛的选手合影留念（摄于1981年4月）

毛茶数量要达到3万担。为保证完成上级下达的计划任务，支援国家建设，诸暨县人民政府采取了三项措施：一是对老茶园进行技术改造，以提高单位面积产量；二是大力发展新茶园，以扩大采摘面积；三是加强肥培管理，以增加夏秋茶产量的比例。牌头区是老茶区，增产潜力大，1958年在原城南公社规划建设植中成片，建成面积为450亩的城南茶场（后改名为"西山东方红茶场"）。同时建设配套的茶叶加工厂，其茶籽采购和加工设备都由省农业厅特产局、省茶叶公司直接提供。方炎鑫同志怀着献身茶叶事业的激情，利用自己丰富的理论知识，满怀豪情地投身于发展茶叶生产的热潮之中。

　　方炎鑫同志，时逢血气方刚的年青时代，跟随时任牌头区委书记戚伟康同志，头戴草帽，腰系脚布，脚穿草鞋，日晒雨淋，风尘仆仆地踏遍了牌头区15个公社的山山水水和茶园地块。围绕县政府提出的"鼓足干劲、力争全县茶叶产量超 3 万担"的目标任务，夜以继日地活动在茶园，寄宿于山村，服务于基层，一颗火红的心融合于火红的年代，以兢兢业业的工作姿态闪耀着青春的光辉。

方炎鑫同志及时总结撰写了原城南公社邱村大队茶叶出产专题调研报告，西山公社三角、道地大队关于提高毛茶品质、降低成本的经验方法，以及城南茶厂关于经营管理的经验总结等，并在全县介绍推广。他起早贪黑，对城南茶场种植的新茶园及时给予指导护理，得到了省农业厅的通报表彰。城南茶厂引进了苏联制造的揉捻机和自动烘干机，成为全县茶叶战线上的典型。他驻地指导的三角道地大队，1967 年被评为浙江省茶叶生产先进单位，获得了由省长亲笔签发的奖状。青春是一把火，燃起了希望的烈焰；青春是一滴汗，浇灌了茶园的绿景；青春是一把泪，洒在希望的田野中。

· 改革开放重谱新篇 ·

党的十一届三中全会吹响了改革开放的号角，响遍了祖国的大江南北。1979 年，方炎鑫同志到原三都农业技术推广站分管茶叶技术推广工作。

原三都区有 7 个公社，地处城西湖坂区，茶园面积只有 3000 多亩，拥有 40 多家茶叶初制所。他一到任，又遇到了诸暨"红改绿"和茶园分包到户的家庭承包联产责任制落实的转换时期，茶叶经营从计划经济向市场经济转型，茶产业进入了一个新的历史时期。

综合三都区的实际和茶园承包到户的经营体制，方炎鑫同志在原三都公社的官庄大队选择朱自力户为典型，按照当时的政策与他签订了茶叶技术服务合同，利用朱自力承包的 35 亩茶园为生产基地，改进和提高初制技术，增施有机肥料，改造树冠，通过各项适用技术的综合应用，使专业户的茶叶产量和质量得到了明显提高。朱自力户从 1982 年开始推广适用新技术后，1983 年春茶一季茶叶收入超过 1 万元，成为茶叶战线在生产环节上率先实现"万元户"的典型，在年终全县山区工作会议上受到县人民政府的通报表彰。方炎鑫同志也被评为全县优秀农业科技工作者，还担任了三都区分管农业的副区长。

方炎鑫同志（左一）在全县茶叶干部会议上总结汇报 1985 年三都区茶叶工作（摄于 1985 年12 月）

1984 年，国务院发出 84 号文件，对原计划经济方针下的茶叶经营模式进行改革，提出计划经济与多渠道经营相结合的具体政策和方案，这既给茶叶流通松绑解困，也给茶叶经济提供了放开搞活的难得机遇。在县林业特产局和三都区公所的大力支持下，方炎鑫同志成立了全县第一家由茶农、初制厂、科技人员组成的服务公司，在政策允许范围内广泛接洽销售业务，定向性加工适销茶类，大幅度减少中间流通环节成本，收到了"茶农提质增收、科技人员有用武之地"的社会和经济效益。绍兴市农办为此做了专题调查，明确肯定这种技术服务方式的前瞻性和可行性，并把这一经验介绍到全绍兴市茶区。

"草本之中有一人。"茶，在烈日下，是覆盖大地的一片树荫；在严寒里，是万物丛中的一树绿色。在错落有致、一片翠绿的茶园中，留下的一代代茶人的艰辛脚印和青春热血，构成了一道美妙的韵味。这道韵味在绿水青山的姿形下，借助大地母亲的清丽和俊秀，妙不可言地向人们展示着它春风化雨般的气质，留给人们回味无穷的温馨。这正是一位茶人走向自我、反省自我时拥有的不折不挠的力量。

我在东方红茶场任场长

卓桂武

1979 年底，任职于原西山公社茶叶技术辅导员的我，接到原牌头区委办公室通知，被任命为东方红茶场场长。

·茶场的历史和现状·

东方红茶场建于 1958 年，原名城南茶场。全场茶园面积 424 亩、水田 20 亩，还拥有一座茶叶初制加工厂。茶场实行自负盈亏，对职工实行按月付酬。当时全场年产茶 400 担左右，产值近 50 万元。每年在发放工资和日常开支后，尚有 10 万—15 万元的结余。茶场职工除场部会计外，其余全部参加劳动，采茶工向当地雇用。另外像制茶、茶园管理、施肥、除虫、冬季深翻等工作都由茶场职工负责，职工平均月工资为 30 元—35 元。

·农业企业生产责任制的尝试·

茶叶企业季节性强，忙闲泾渭分明。如果茶园护理拖沓，将不仅直接影响生产季节，而且关系茶叶产品的质量和效益。针对这一问题，1980 年初，在取得区委领导同意后，我们在广泛征求职工意见的基础上，讨论议定了茶园管理生产责任制奖惩办法，实行"分地到组、定额到人、超奖违赔、年终兑现"的管理措施。全场分为 4 个操作组划片管理，把全年茶园"三耕四削一深翻"的农事活动细化到工时，根据实际面积和用工由场部统一按标准验收。茶园病虫防治由场部统一测报、统一制定防治方案和选用对口农药。鲜叶由场部统一组织加工，并在实施中及时调整相关措施和劳动定额。

经过两年的实施，全场临工支出费用下降 53%，在茶园管理中把握了农时季节，茶园面貌焕然一新，茶叶产量年增长率保持在 15% 以上。

1982 年随着茶场收入的增加，经中共牌头区委批准，购进 12 马力中耕一台，图为中耕机在茶园耕作（具体拍摄日期不详）

1982 年茶叶年产量突破 500 担，最显著的成绩是职工收入大幅度增加，在按月发放基本工资的基础上，他们年终能拿到 300 元—500 元不等的奖金。为了减轻职工的劳动强度，1981 年我们还从嘉善拖拉机厂购进一台 12 马力的茶园中耕机。这既是全县茶园耕作实现机械化的标志，也体现了农业企业在改革开放中的发展高度。

·创办全县第一家乡镇精制茶厂·

从 1982 年开始，国家政策的逐步开放与诸暨茶叶产销体制的矛盾日趋突出，茶初级产品的滞销现象也开始出现。对一个以投售毛茶作为主要收入的集体茶场来讲，面临的困难是严峻的。国务院提出了茶叶产销体制的改革意见，鼓励在计划经济的条件下实行多渠道经营，同时鼓励有一定茶园规模的地区兴办乡镇精制茶厂，就地消化毛茶产品，拓宽市场空间，为农民提供就业岗位。

在了解分析有关政策后，1983 年 4 月，茶场进行了两天的专题研究，并形成文字报告，向区委领导请示汇报，得到了上级的大力支持。我们在抓好生产的同时，安排专职人员跑县计委（现称发改局）、去绍兴茶机厂订购精制机械、到金华茶厂聘请精制师傅。在 1984 年初拿到县计委批文后（全县得到批准的第一家乡镇精制茶厂），奋战四个月，在 1984 年 6 月精制机械安装完毕，同时开始精制加工，一定批量的烘青毛茶加工成花坯，烘青毛茶附加值明显提高。这也在诸暨茶叶的发展史上留下了值得纪念的一页。

茶产业在历史车轮的转动中经历着各种变迁。当时茶场现在已经变成了一个烟囱矗立、厂房鳞次栉比的工厂。我已年逾古稀，但路过这块土地时，很难克制老泪纵横，因为我对这块土地爱得深沉。它曾经是全县茶产业的一块样板、一个示范点、先进技术推广应用的试点，它曾经为诸暨经济建设的发展做出过贡献，它的绿色是永恒的！

我在诸暨茶厂工作过

倪晓英

1977年，我考入浙江农业大学（现浙江大学）茶学系，毕业后被分配到诸暨茶厂工作，担任生产技术和质量审评的管理工程师。1986年，因需要调杭州茶厂工作。现任杭州某茶叶公司总经理，从事茶叶事业已有40个年头。

倪晓英在审评室评样定级（摄于1984年4月）

·诸暨茶厂在改革开放中诞生·

诸暨茶厂选址于望云亭，占地100多亩，是当时华东地区规模中等、设施先进、产品齐全的地方国营企业。诸暨茶厂的建成，不仅是诸暨产茶史上新的里程碑，而且也是浙江省茶产业在改革开放后转型升级的时代标志。

诸暨茶厂生产的烘青茶坯和茉莉花茶运销北京、上海、天津、山东、江苏、河北、辽宁和山西等地，深受消费者的欢迎。诸暨茶厂生产加工的一级茉莉花茶和三级茉莉花茶被国家商业部评为优质产品，并作为纪念品向国内外游客供应。

供销社茶叶收购站与当地茶叶初制所茶农讨论如何提高茶叶质量问题（原县林业特产局茶叶股珍藏照片，摄于1983年5月）

诸暨茶厂作为行业龙头，上接国内外市场，下连全县 12.6 万亩茶园。当时 87 个公社（现称乡镇），95% 以上从事茶园种植和茶叶初加工，茶叶对农村尤其是山区的社会经济发展举足轻重。诸暨茶厂建成投产后，一度改变了以调拨原料出售茶叶初级产品的被动局面。全县所生产的初制毛茶，在诸暨茶厂加工成终端产品，既明显减少中间环节、缩短原料库存时间，又避免了地区间压级压价的风险。当时茶产业呈现着这样的状况：12.6 万亩茶园错落有致地分布在全县各地，"队长一声喊，妇女一大班，茶篮一儿甩，钞票一大叠"。茶叶收入成为农村按劳分配中重要的资金收入。在城市，诸暨茶厂吸纳一大批的待业青年，一时成为城镇青年就业的第一选择。茶产业与国库收入息息相关，有力地促进了社会经济的发展，诸暨茶厂在诸暨茶产业的发展史上写下了光辉一页。

·在实践中不断提高和充实·

当时刚参加工作的我拥有一种青春活力，从内心激发出珍惜机遇和努力工作的热情。我在茶叶加工的流水线中做出了认真思考和大胆探索。

——"分级付制，多级提取"的工艺技术在实践中得到完善提高。烘青毛茶按照标准样，分为七级十四等，还有级外茶。毛茶评样以感官审评为主，评茶员以标准样作为对照，按经验评定等级，但入库毛茶在品质上还是存在不平衡性。同时基层收茶站在匀堆打包时，要进行分级归堆，尽管当时管理制度严格，但"以假乱真"的情况还是不可避免的。毛茶调拨到厂仓库后，分级储存又受到仓库条件的限制。在理清这些直接影响因素后，我按照理论上的知识，综合实践中存在问题的源头，向厂部书面提出了加工技术改进方案：分车间以确保当天加工的毛茶等级，上下班交接时贴标签明确加工茶号的连贯性，以"物尽其用"为目标，把付制毛茶的成品茶提取率达到最佳幅度。此外，及时抽样在审评室定级开汤，把需要改进的问题及时反馈车间。在一段时间内，全厂掀起了"精制细作、提高质量、增加效益"的比学赶帮活动。像日加工 1000 多担毛茶的茶厂，成品茶提取率提高一个百分点，其产生的效益也是非常可观的。

——"抖头抽筋、撩头割脚。"茶叶在精制加工中最费劳动力的工序是拣梗，虽然当时都是以手工采摘为主，茶梗比例不高，但个别级档的筛号茶必须要进行手拣，明显地增加了加工成本。我在拼配标样时，发现有些筋梗可以在"撩筛"这一道工艺上解决，这样对降低生产成本和提高品质有着明显效果。我深入车间，分类指导，并向厂部提出增加"长抖筛机"加工机械的建议，使一些比重轻但影响筛号茶品质的筋梗在"抖筛"中得到基本解决，再经过阶梯式拣梗机机械拣梗，明显降低了手工拣梗的比例，在改进工艺中提高了质量和效益。

倪晓英在诸暨市"百名名茶制作能手"培训班上讲课（摄于2014年6月）

诸暨茶厂是全省的内销茶示范样板，每年的烘青毛茶收购标准样都在诸暨统一目光和定样制作。我执笔的《烘青花坯精制技术规程》，由省供销社统一编印下发给相关加工企业，成为当时的一份行业技术标准。每年春茶采摘前全国茉莉花茶销区的省计委、供销社和大型国营茶厂（场），都要在诸暨市召开年度订货会，制订调拨计划等，以及对全年的茶叶产销和调运工作做出部署。

· "产供销一条龙"的历史投影·

精制茶厂是将分散在全县各地的初制毛茶，按照精制技术规程加工形成等级和规格不同的茶产品。因此它既是审定分类毛茶品质特征的"集散地"，也是发现初制毛茶在加工中所存在问题的"瞭望窗口"。

在初制毛茶质量分析中，我学到了许多从书本上学不到的知识。例如，原料审评中发现个别茶样略带"高火味"，对窨制茉莉花茶影响明显，原因在什么地方？与大家一起走访、讨论分析后，发现是个别初制厂为加快速度，在加工时适当提高复火温度，造成了"高火味"；到收茶站后，又按级打匀堆，茶叶吸附能力强的特点影响了一个批次的毛茶。问题原因明确后，县供销社发出通知，要求全县收茶站严把质量关，次品茶和级外茶禁止匀堆到正品茶之中，很快解决了这一个影响产品质量的棘手问题。

1984年，国务院做出决定：茶叶市场放开，实行多渠道经营，允许社会不同主体建办精制茶厂。在多渠道流通体制的改革中，茶叶市场形态渐渐由产品不适销对路向产品质量风险转移。近几年国家连续采取了扶持农民专业合作社集聚加工、规模化生产、"QS"认证制度、定期抽样检验监督等措施，但茶叶质量还是良莠不齐。我有时候会沉思：茶叶产销体制改革时，一定要紧扣产品结构与市场需求、产供销利益分配机制这三个环节改革。这也许是在艰难跋涉后的一点醒悟。

20世纪80年代
我在牌头区农业技术推广站工作

陶伟明

　　20世纪80年代初，我毕业于绍兴市农校茶叶专业班。一纸调令，被分配到牌头区农业技术推广站工作，一做就是6年。

　　我在牌头区农业技术推广站日常的工作内容是围绕中心任务，抓好本职工作，月底全站开会总结布置，碰到特殊任务再临时安排。"农技干部跑断腿，头向黄泥背朝天"，是当时基层农业技术推广站干部工作生活情况的真实写照。

　　牌头区全区茶园面积2.5万亩，茶叶产量超3万担，是全县除枫桥区以外的茶叶主产区，而且面积在300亩以上的两个集体茶场均由牌头区管辖。我与何国平两人的工作量是可想而知的。

图为引进的红碎茶加工机械（摄于1985年12月）

· 下乡服务 ·

农业技术推广站干部的工作性质决定了我们一年四季都要下乡。当时有的乡村尚未开通公共汽车，农业技术推广站内只有三辆公用自行车，所以步行下乡是农业技术推广站干部的家常便饭。有时候，专业之间事务碰撞，还会因使用自行车之事而争得面红耳赤。当时牌头区区长陈槐成同志，总是戴着一顶草帽，挎着脚布，骑自行车下乡，而且按不同季节带着不同农业技术推广站干部到基层，如插秧季节带粮食干部、采茶季节带茶叶干部、养蚕季节带蚕桑干部、病虫害高峰季节带植保干部。跟着他下乡，首先要做好两件事：一是要弄清数据，到生产队一级的茶园面积、分季茶叶产量、收购平均价，他随时要提问参考；二是要带上手电筒，跟他下乡骑着自行车一般要跑两到三个乡镇，有时候回到站里已经是半夜时分，晚上是一手挡自行车龙头，一手照手电筒，一不小心还会来个车翻人倒，两脚朝天。现在回忆起来，农业技术推广站工作虽然很辛苦，但充满乐趣，而且工作深入实际，交通工具简单方便，既不消耗能源，也不污染环境，还能把身体锻炼得非常强壮，同老百姓真正是心连心地打成一片。

· 蹲点指导 ·

20世纪80年代中期，随着茶叶流通市场的逐步放开，多渠道经营的茶叶产销体制催生了乡镇精制茶厂的迅速崛起。1984—1987年，牌头区一下子建办了7家精制茶厂，由县农业局茶叶技术推广站牵头引进了红碎茶初精制加工技术，由广东茶叶进出口公司组织出口。年逾七旬的杨竞宇高级农民技师率先购进机械进行试验加工。红碎茶是以大宗茶青叶为原料加工的一种红茶，出口欧美国家，对质量要求较高。根据领导指示，我卷起铺盖蹲点宜东茶厂，与杨竞宇等同志一起，日夜奋战，埋头钻研。于1985年底安装机械，1986年开始加工春茶，生产出的成品符合国家出口红碎茶四套样标准，得到了浙江省农业厅的通报表彰。这一新技术的引进和推广，不仅解决了大量夏秋茶资源的综合利用途径问题，而且对促进乡镇企业的发展、解决农村剩余劳动力、提高茶叶的附加值起到了明显作用，也是农业科技干部在新的历史条件下角色转换和职能转变的实践。

虽然这是两段农业科技干部生涯中的小插曲，但我从中领悟到农村是一个广阔的天地，它将拥抱一代又一代的农业科技人才，在这块大地上生根、开花、结果。

弥漫在工作日记上的茶香

张佳琴

随着工作年限的增加，案头上的工作笔记本也日趋叠加。一日，偶尔翻到了刚参加工作时的几本日记，掩卷遐想，仿佛回到了那从事茶叶技术服务工作的岁月。采茶舞曲的优美歌声，即刻在耳边响起，那段充满青春活力的工作历程，像放映电影一样在我脑海中浮现。

1984年8月，我从杭州农校茶叶专业毕业，被分配到诸暨县林业特产局，组织上安排我去大西区农业技术推广站从事茶叶技术推广和服务工作。

报到上岗后，我根据县局统一部署，结合大西区的实际，在两个月

服务于基层、活动于茶区的女茶叶科技工作者。左起：何林娟（枫桥区农业技术推广站）、张佳琴（大西区农业技术推广站）、骆冬英（县茶树病虫测报站）（摄于1990年11月）

在简陋的茶灶上试制名茶，展现着农业科技人员的优良传统。左起：丁清平、张佳琴、周琪舫、何林娟（摄于1988年5月7日晚12时，原东溪乡杜家坑村）

的时间内，对全区的茶园分布和经营状况、茶树树龄结构、茶叶加工设施及布局等基本情况进行了深入调查和了解，向区委和区公所做了书面汇报，并提出了三项结合大西工作实际的工作计划。

1. 以专业户为重点，在茶园科学管理上做出示范。1984年，当时刚好是十一届三中全会精神落实后的初始阶段，原来由集体经营的茶园，已有90%左右承包到一家一户；原来由国家统购统销的茶叶产品，又可以自由买卖。这像积蓄已久的洪水一样，即刻咆哮冲击着茶产业的管理和经营。市场的需求拉动了产量的增长，产区和销区之间的价格差，吸引着一大批头脑灵活的能人，把茶叶产品推销到大江南北，在年年增产的背景下，茶叶产量还是供不应求。

针对这一生产实际，我在思安、紫云、应店街等乡镇，以茶叶专业户为活动现场，采用现场会、技术培训等形式，努力推广茶园高产稳产新技术。通过专业户做出示范，在增施有机肥料、增加采摘批次、提高鲜叶质量、把握加工季节等环节上因势利导、各个击破，赢得了工作上的主动权，为帮助茶农增收和发展茶叶事业做出了努力。

2. 以新技术为手段，在提质增效上狠下功夫。大西区老茶园比例高，加上土壤偏碱，土壤耕作层薄，"看看一坂、收收一担"的"广种薄收"现象比较普遍。在产品供不应求的市场背景下，提高产量成为当时工作中的第一要务。我在具体工作中按照各乡镇的茶园进行分门别类，采取切实可行的技术改造措施。对不同类型的茶园，采取不同的改造措施。对衰老和低产茶园，在春茶结束后，在点上召开现场会。像原思安乡的新河村，茶园面积超200亩，个别茶园采摘过度、施肥不合理，造成采摘逢面鸡爪支多、对夹叶多、鲜叶提前老化。我在工作中与当地茶农在茶园踏勘后，商量议定采用重修剪的方法，配合施肥技术，夏秋流养、秋茶打顶采摘，从而不影响第二年春茶产量。这种合理的生产技术措施，有效地促进了茶树强筋健骨和茶叶提质增效。

面对区域内茶园土壤 PH 值偏碱的实际，在生产管理中不违农时，狠抓"三耕四削一深翻"措施的同时，在施肥技术上进行合理调整，加大酸性肥料的比例，中和土壤酸碱度，并对丰产茶园增施农家有机肥，以农家肥发酵增强土壤中"水、肥、气、热"的肥力，在生产中收到了显著的效果。

3. 以高山茶为原料，开发具有地方特色的名优茶。大西区范围内海拔高、温差大，像应店街镇深坞村的安基坪茶园海拔800多米，原紫云乡的茶园也都在500米以上。由于这一区域内日夜温差大，开园季节比其他地区明显推迟，同时芽叶粗藏，制作外形扁平和条形挺秀的名茶类比较困难，直接影响茶农的经济效益。针对这一现实，在市茶叶技术推广站的积极支持下，得到了周菲菲、周琪舫两位高级农艺师的指导帮助，我们在安基坪开发紫云菊花茶，在紫阆山区恢复传统手工炒青。

紫阆手工炒青历史悠久。在茶叶市场逐步放开以后，紫阆炒青有了更广阔的的空间。我们通过培训技术、现场指导，使这一传统茶类恢复了生机，产量逐年增多，品质明显提高，至今已成为当地农民生产发展中的一大支柱，也是饮茶爱好者竞相争购的珍品。

紫云菊花茶是以安基坪茶园的鲜叶为原料，把80—100个茶芽扎成形似菊花状的一款工艺品名茶，是创意农产品的先驱者。其外型呈菊花状，叶尖白毫显露，芽叶细嫩连理。冲泡后，清汤绿叶，香味天然，滋

紫云菊花茶被评为 1991 年杭州国际茶文化节名茶新秀（摄于 1991 年 4 月）

味鲜醇，观之成趣，饮之得味，是一款既有品尝风味又有欣赏价值的文化名茶。该款茶叶在 1991 年杭州国际茶文化节上被评为名茶新秀，1992 年被选定为国家农业部在泰国举办的中国优质农产品博览会参展产品，被评为银奖。一位韩国朋友在品饮了菊花茶后爱不释手，把茶渣晒干用纸包起来珍藏。可见紫云菊花茶制作技术之精湛，形状设计别具匠心。山区茶农鲜叶虽质量好，但又受采收时间影响，芽叶粗壮不宜制条形和扁形茶，从而影响种茶经济效益，菊花茶采制技术的研制成功和应用推广，有效地解决了这一问题，也是制作技术上的一大创新。

　　岁月流逝，后来虽然根据组织需要，我调离了工作岗位，但那一段追求纯真而又充满茶香的青春岁月，是我人生中最难忘的岁月，茶香永远弥漫在我的心间。

第四章

传承历史·创新发展

越红
工夫茶

中国茶德

何林娟

　　1983 年，我毕业于浙江农业大学（现浙江大学）茶学系。1991 年中秋，我市承担国家级"茶综合利用项目"鉴定会。领导委派我去杭州邀请中国茶叶泰斗、浙江大学茶学系资深教授，时年 86 岁的庄晚芳先生担任评委会主任。庄先生在认真阅读鉴定资料后，欣然应邀。尽管他年事已高、行动不便，但仍决意参加会议，并在会议上提出建议：要利用诸暨悠久的西施文化资源，结合全国重点茶业产区建设的实际，弘扬茶文化，创建全国文化名茶之乡。庄晚芳先生当场执笔题字。

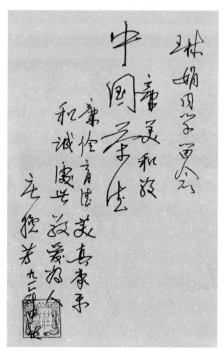

庄晚芳先生亲笔题写的"中国茶德"（摄于1991 年 10 月）

庄先生说：中国是茶的故乡。从茶的发展到茶的利用，再升华到茶与文化艺术的结合，我们有着悠久的历史。中国茶文化微妙地融入了道家、儒家和释家的哲学色彩和多民族人民的礼俗，成为中华文化的组成部分。

茶文化的内涵之深邃，内容之丰富，是很难全面概括的。它是一种媒介，陶冶了饮茶人的情操。中国历史上提倡的以茶代酒、以茶养廉、以茶修身育德、以茶治政、以茶会友、以茶礼仪、以茶会诗会文等，充分体现了茶的和平友爱、清廉俭朴、高洁宁静的精神魅力。

随着茶文化的广泛传播，茶不仅成为中华民族的国饮，而且传播到日本，衍化为"茶道"，讲究"和、敬、清、寂"；在韩国衍生为"茶礼"，以"和、敬、俭、真"为准则；可见普天下茶人精神是一致的。

庄先生说："我建议宣传'中国茶德'，以推进精神和物质两个文明建设，扩大茶叶消费，特别要重视下一代喝茶习惯的熏陶和培养。中国茶德，四字守则，四句浅释。廉俭育德，美真康乐。和诚处世，敬爱为人。清茶一杯，推行清廉，勤俭育德，以茶敬客，以茶代酒，以茶育人。清茶一杯，共品美味，共尝清香，共叙友情，康乐长寿。清茶一杯，德重茶礼，和诚相处，共建和谐。清茶一杯，敬人为民，助人为乐，尊老爱幼。"

庄先生最后嘱咐我们，茶文化是中华文化的一颗明珠，既是中华民族源远流长的传统文化之一，也是对世界文明及其进步做出特殊贡献的象征。愿中华茶文化在祖国的大地上不断发扬光大，大家努力吧！

诸暨市茶人俱乐部

周永光

我曾在 1984—1987 年任诸暨县农业局长，经历了茶产业从计划经济向市场经济的转型期，在向有关领导汇报和协商工作时，也经常涉及有关茶产业发展的议题，所以对茶叶行业比较了解。特别值得追忆的是，在一次老干部座谈会中，正离职休养的原诸暨县人大常委会主任寿威同志出席了座谈会。他表示：茶叶消费领域已经出现了新的潮流，是文化意识渗透到茶叶生产、加工、流通各个领域中的集中反映。弘扬茶文化应成为当时"八五"期间的一个议题，建议筹建诸暨市茶人俱乐部。

寿威同志提出建议后，我随即向时任领导进行汇报协商。领导对此非常重视，指示由市农业局牵头，召开一次以筹建诸暨县茶人俱乐部为主题的座谈会，具体协商有关事宜。

1990 年 10 月 25 日，市农业局邀请寿威等 7 位新老领导，在原大桥里市茶叶技术推广站会议室进行了专题讨论，并将讨论意见形成文件上报市政府。根据当时的政策背景和茶产业现状，会议提出的具体内容如下：

1. 建立诸暨市茶人俱乐部的宗旨：给饮茶爱好者创造一个活动场所，吸引消费者品尝诸暨的各类名茶，交流市场信息，开展各种茶叶文化和学术交流活动；邀请茶叶界知名人士及"三胞朋友"来诸暨游览西施故里，品诸暨名茶。此举旨在扩大诸暨名茶在市场上的影响，使俱乐部成为一个在绍兴市名列前茅的茶叶文化和信息交流活动中心。

2. 茶人俱乐部作为市区的一个游览点，位置建议选择在剧院前的浦阳江畔（现为临江轩），建筑以砖木结构为主，模仿古代飞檐翘角圆洞门式样，建筑层次为两层。内设茶样陈列室、品茶室、茶艺活动室、茶叶图书室、露天茶艺场，建筑面积 1000 平方米，计划总投资 100 万元。

3. 资金来源以集资为主，向上级有关部门争取一部分，本市茶界同仁集资一部分，茶叶主管、业务加工部门投资一部分，建议在1992年底前竣工。

4.明确茶人俱乐部的性质是政府领导下的一个民间组织，权属归政府所有。在业务活动中，以自我服务、自我积累的方式自负盈亏，不给地方财政增加负担。

经市政府1991年第七次常务会议决定，由市农业局负责筹建诸暨市茶人俱乐部，后来由于在建设地址上市建设局和农业局意见不能统一，加上领导班子换届和乡镇撤、扩、并等原因，茶人俱乐部成为一段没有划上句号的历史，但几位老领导对茶叶事业的关心和支持，对弘扬诸暨茶文化的超前式的建议，将永远记载在诸暨茶产业发展史上。

种茶人与喝茶人的话

冯友良　马友根

　　根据社会属性界定，种茶属于第一产业，喝茶属于第三产业；按照经济属性分类，种茶是生产，喝茶是消费。在我们茶叶产区，种茶的人也喝茶，喝茶的人也种茶，相互交错，构成了一个茶产业群体和茶经济格局。在新的历史条件下，我们种茶人如何把茶叶质量安全关进制度的笼子，喝茶人怎样按科学规律喝出健康，这不仅仅是表现在买卖交易中的讨价还价，更需要种茶人和喝茶人这一对"同胞手足"的对话与沟通。

　　先听种茶人的话：

　　茶叶自"神农尝百草、一日遇七十二毒，得茶而解之"开始，闻于鲁周公，兴于唐，盛于宋，普及于明清，在历史长河中久经磨炼成为全球日消费30亿杯的天然保健饮料。随着茶与健康、茶与文化研究的深

冯友良在标准茶园建设现场（摄于 2006 年 9 月）

入，茶叶消费群体不断扩大，茶叶资源的应用范围日趋广泛，这对我们种茶人来讲，既是机遇，更是挑战。

1. 生产的季节性给种茶人设定了四季农事。茶叶采摘季节一般为7个月左右，一年的农事活动在茶园管理上有"三耕四削一深翻"的说法；在茶叶采摘上有"三季细分二十四"，即春夏秋三季茶叶，措施得当，一年可采24批青叶；在加工上是"白天采、晚上制"，加工季节遇到雨天多，是茶农的一大灾难，对此每个茶农都有深刻体会。茶叶采摘结束后，就要组织茶地翻耕和施基肥，石硫合剂封园，以压低越冬病基数。必要时还要茶地培土，铺草防寒。对一个勤劳的茶农来说，一年四季没有空闲，"头向黄泥背朝天"是我们种茶人的宿命。单以高档茶叶来说，一斤干茶就需要5万多个芽叶，足以说明"谁知杯中茶，片片皆辛苦"的含义。

2. 消费的多样性给种茶人提出了新的要求。在市场经济条件下，消费者在满足基本需求后提出了更高的要求，这是茶叶消费质量的提升。原来能喝到谷雨前茶，已经是心满意足。现在是明前茶，甚至蛰前茶也比比皆是。过去只要茶味好，汤色是红、是绿根本不计较，现在则需要色香味形俱佳。但令我们茶农难以接受的是有些消费者用个性嗜好来评价整个行业。譬如绿茶的香味，基础在摊青，关键在杀青，核心在炒（烘）干温度。但消费者在平时盲目形成的对焦香味偏好，影响了对茶叶正常香味的识别能力，对此一部分种茶人违心地提高炒（烘）干温度，导致茶叶中许多有益人体健康的多酚类化合物在高温条件下气化升华。

3. 茶叶储藏的盲目性使种茶人蒙受"冤屈"。茶叶是季节生产，全年消费，以干茶贮藏。干茶在成品时一般含水率控制在6%以下，在不受潮的状态下一般不会变质。但是，像春茶在成品后有近一年的流动储藏期，如果方法不当，吸湿变色变味是难以避免的。茶叶变质时，一些消费者不反思自己的方法是否得当，而是责怪生产者不注重质量。茶叶冷藏，可以保色，但是冷藏的空间湿度大，茶叶一经回到自然状态，就会迅速变色，在物理现象上称"水化反应"，但目前80%以上的喝茶人都采用冷藏。如果用简单方便的生石灰贮藏，不仅成本低，保管方便，

马友根在诸暨市第四届名优茶炒制大赛中献艺（摄于 2013 年 4 月）

而且在一年内茶叶的色香味形都不会发生质变。就是这样一个简单方法，尽管我们种茶人呼吁宣传了 10 多年，但采纳的人还是很少。"红萝卜记在蜡烛账里"的责怪其实是对"同胞手足"的一种误解。

再听喝茶人的话：

中国人历来常说两句话：一句是"柴米油盐酱醋茶"，另一句是"琴棋书画诗酒茶"。前一句讲的是物质生活，后一句说的是精神生活，而这两种生活都不能没有茶，平民百姓、文人雅士和达官贵人都需要茶。茶更是 21 世纪第一天然饮品。联合国粮农组织以现代医学手段对茶与人体健康进行研究认为：茶叶几乎可以证明是一种广谱的、对多种人体疾病有预防效果的保健品，而其有效成分是茶多酚。健康人人向往，但我们喝茶人有几句话要说：

1. 茶叶质量是否安全。茶叶质量安全与否，不仅仅局限于农药残留方面和色香味形，而是要从茶园到茶杯进行全程监控和追溯。如在茶园建设、良种选育、肥培管理、生产加工、贮藏包装、销售消费等各个环节，种茶人是否严格按照国家标准规范执行。千姿百态的包装，眼花缭乱的广告宣传，如何真正能使我们喝茶人放心？因此基础在一家一户、规模在千家万户的茶产业必须要有一套让喝茶人信得过的规章制度。我们喝茶人对茶叶中是否含有有益人体健康的茶多酚、茶黄素、氨基酸等多酚类化合物，是"猫看花被单"。让每一批量的茶叶产品都附有权威单位的检测数据，让喝茶人喝得明明白白，做到这一点并不难，但很少有人有心这样去做。

2. 怎样解决不敢喝茶的问题。喝茶的好处比比皆是，但很多人还是不敢喝。表现比较明显的有三种类型：一是肠胃功能不佳的消费者，喝茶后感到胃部反酸，只能对茶望而兴叹；二是晚上喝茶后，刺激中枢神经兴奋，影响睡眠，只能对茶敬而远之；三是受功能误导的消费者。多数健康专家提倡日饮八杯水，被不少人奉为健康准则，但很少有人提到"三杯茶"，把"茶"拒之门外。其实，喝水太多可能也会影响健康，甚至可能出现"水中毒"，这点道理我们也懂。但怎样喝茶才有益人体健康，不同群体如何适应，对此我们喝茶人是似懂非懂，模棱两可。2011年，国际健康生活方式博览会官方微博推出"茶样生活"新理念，提出"上午饮红茶、下午饮绿茶、晚上泡黄茶、假日尝白茶"的饮茶方式。根据一年四季的气候变化和人体24小时生物学时钟规律，继承发扬"神农"精神。这种选择性饮茶的新时尚我们诸暨应率先尝试、率先垂范！

3. 到哪里买茶喝茶。诸暨城区茶店茶馆也不少，但水平参差不齐，对饮茶爱好者来讲有些无所适从。像诸暨这样的产茶大市和茶叶强市，缺乏一个茶叶交易和活动的集散地，是一种缺失和遗憾。如果能集中在一个地方卖茶、问茶、购茶、品茶，既尝茶叶滋味，又品茶叶文化，再听茶叶保健知识，那么这将会是一个振兴茶产业、弘扬茶文化的立体舞台。这既是种茶人的期待，更是喝茶人的向往。

听听种茶人和喝茶人共同的话：

茶文化研究会的会员来自各条战线，既有长期从事茶叶生产的管理工作者、从事学术研究的科技工作者，又有从事文化艺术、医学保健的专家，可谓是人才济济、各有所长。这给拓展茶文化的综合功能奠定了基础。建议茶文化研究会应该抓住机遇、利用优势、发挥特色，给种茶人和喝茶人搭建一个平台，方便双方及时对话沟通，助推诸暨茶产业转型升级，争取每年都有新突破。

中国义乌文博会中的"梅兰竹菊"

王河永

　　2013 年 4 月下旬，为期 4 天的第八届中国义乌文化产品交易博览会，在义乌国际博览中心隆重开幕。诸暨市茶文化研究会组织市石笕茶叶专业合作社及部分企业参展，向全国甚至全世界推介诸暨茶文化、茶产业和茶新产品。这也是我市茶产业在国内交易平台上，以文化产品的属性首次亮相。诸暨市副市长项美月及市文化广电新闻出版局领导参加了展览会。

　　本届博览会由中华人民共和国文化部、浙江省人民政府主办，浙江省文化厅、浙江省文化产业促进会、义乌市人民政府联合承办，共设国

2013 年 4 月 28 日，诸暨市副市长项美月（左一）在中国义乌文化产品交易博览会上，参观由市茶文化研究会展出的"梅、兰、竹、菊"茶系列产品，（中）为市文化广电新闻出版局局长金海炯（王河永摄）

际标准展位 3320 个，展览面积 7 万平方米，共有来自国内外的 1293 家企业参展。各具地方特色的文化产品琳琅满目，我市以茶为主题的"梅、兰、竹、菊"茶系列产品，在博览会中独树一帜。

图为社会各界人士品尝"梅、兰、竹、菊"系列茶（摄于 2013 年 4 月）

茶叶之所以成为一种健康饮料，是因为它有一定的营养价值和药效作用。营养作用主要是茶叶含有对人体有益的维生素和微量元素，药效作用主要源于茶叶中含有多酚类化合物。诸暨市在茶类结构调整中，根据 6 大茶类加工工艺的特点，利用不同茶类对人体保健作用的功能差异，在茶类品种上，选择不同区域和季节及茶树品种所产出的鲜叶原料，加工成红、绿、白、黄 4 种茶类。在文化属性上，以中国四大君子命名，即"梅（红茶）、兰（白茶）、竹（绿茶）、菊（黄茶）"。在饮茶功能上，体现了红茶暖胃、绿茶提神、黄茶祛疾、白茶养生的功能属性。在茶类的特征上，以红茶性暖、绿茶性寒、黄茶性和、白茶性温的特点，彰显了阴阳学说。在茶类加工工艺上，绿茶终止发酵、红茶促成发酵、黄茶平衡发酵、白茶自然萎凋，把阴阳二气的调和平衡，"生命不可倒转，衰老可以延缓"的养生之道升华到最高人生境界。在展示展销现场，发放各类资料 2000 余份，专用茶杯 500 只，品尝"梅、兰、竹、菊"系列产品茶人数达上千人，该系列产品茶受到国内外客户和饮茶爱好者的青睐。

在茶产业转型升级中，改变传统的单一茶类加工，按照红、绿、白、黄四种茶类的加工工艺，开发研制适宜于提升人们消费水平的不同茶类，让茶叶从传统的解渴饮料向健康饮品跨越。在诸暨茶叶科技人员和生产者的积极努力下，系列产品已闻名于茶市，但我们还需继续努力。茶产业要在历史的进程中经久不衰，围绕饮茶促进人体保健的这条途径是必由之路，我们必须要用"只争朝夕"的精神将茶文化普及到民间。

有机茶是实施茶叶绿色营销的
必由之路

杨益行

"绿色营销"即"环保营销",是 20 世纪 70 年代以来营销学者共同关心的热门课题。实施茶叶绿色营销是缩短中国茶叶企业同外国优秀茶叶企业间差距的有效途径,有利于攻破绿色堡垒,开辟广阔的茶叶市场,还可获得世贸组织"绿箱"政策对茶叶产业的保护和扶持。茶叶产品要进入国际市场,按照有机食品标准加工和营销是必备条件。

所谓有机茶,就是在无任何污染的产地,按有机农业生产体系和方法生产出鲜叶原料,在加工、包装、贮运过程中不受任何化学物品污染,并经有机认证机构审查颁证的茶叶产品和再加工制品。

有机茶有三大特点:首先是没有农药残留的污染,迎合人们健康消

十里坪有机茶开辟时的面貌(具体拍摄日期不详)

十里坪有机种植三年以后的面貌（具体拍摄日期不详）

费意识增强的潮流；其次是不使用任何含有化学合成物料的农药、肥料和生长激素，有利于保护土壤和生态环境；三是有机食品深受消费者欢迎，质量又可追溯，在发达国家消费量每年以 15% 以上的速度增长，成为生产国产业结构调整的新亮点和消费国青睐的有机食品。

　　茶叶消费逐渐向有机茶为主体的方向转型，茶叶生产和加工企业需从以下几方面予以调整和实践：

·有机茶是茶叶绿色营销的必由之路·

　　我国加入世贸组织，就意味着在融入世界经济的同时，也接受世贸组织规则的约束。不熟悉这些规则，就不能保护自己的利益。因此，中国茶叶要进入发达国家和欧盟市场，必须要有效地利用世贸组织规定的关于"绿箱"政策权利和应尽义务，保护和提高企业的竞争力，茶叶实施绿色营销是必由之路。总结十里坪三千亩有机茶园的实践，从茶园到茶杯全程按照有机茶标准管理、加工和营销，既是茶叶产业转型升级的台阶，也是建设"茶叶强市"的关键，更是诸暨茶叶在国际市场上创立名牌、扩大销售的重要举措。

十里坪有机茶园开采（具体拍摄日期不详）

·有机茶助推茶叶质量标准的实施和绿色品牌的培育·

我国的有机茶在 2000 年 5 月开始全面培育和发展。评价茶叶的品质不能仅仅局限在农药残留方面，更不能仅仅关注色香味形如何、营养价值和饮用价值如何，而是要从茶园到茶杯进行全程监控和追溯。在茶园建设、良种选育、肥培管理、生产加工、贮藏包装、销售消费的全过程都要符合有机茶国际标准，如绿色食品标准、无公害农产品标准、有机茶园认定标准、HACCP 管理程序、ISO9000 质量体系标准。作为有机茶生产和加工企业，这些都是必须要掌握的标准。

·有机茶促进茶叶产业的转型升级·

有机茶的茶园管理技术和加工工艺，以节能减碳、有机安全为目标，利用生物技术改进茶园肥培和生态管理，是生物经济在茶叶产业中的体现。利用茶叶生物化学手段，改进加工工艺，淘汰落后产能工艺，是低碳经济在茶叶产业结构性调整中的延伸。利用生物化学技术改进加工工艺，稳定和提高茶多酚及氨基酸含量，把茶叶对人体的功能性价值体现

实施 HACCP 管理的加工车间（具体拍摄日期不详）

在日常生活消费中，通过饮茶方式保健去疾，是任何一种饮料产品无法比拟的保健经济，也是在新的历史条件下茶叶产业发展的方向。

在万里茶道复兴中唤醒越红

陈元良　杨思班

·茶开始进入俄国·

西伯利亚的寒风挡不住中国茶叶对俄国人民的诱惑。1638 年，中国茶在"茶马交易"中进入俄国。俄国贵族瓦西里·斯塔尔可夫遵沙皇之命送给蒙古可汗一些紫貂皮，蒙古可汗回赠的礼品便是 4 普特（约 64千克）的中国茶叶。俄国沙皇一品便爱上了这种茶，从此茶便进入了俄国宫廷，随后又扩大到俄国贵族家庭。1675 年，沙皇尼古拉派遣使团专门到中国考察茶叶产品，这是针对茶叶进行的正式官方活动。使者回国后对中国茶叶不仅做了详细的描述，而且对其品质和功能给予了高度的评价，由此拉开了俄国从国外正式进口茶叶的大幕。

1693 年，俄国彼得大帝钦旨准许丹麦商人伊台斯领队的商队赴华贸易，康熙皇帝接纳了他们并让伊台斯商队直接来到北京城门下，进入俄国使馆洽谈对华贸易。首次从中国返去的大量商品中，茶叶作为大宗商品，从此迈出了中俄陆上茶叶之路的第一步。不久之后，俄政府高投资修建边境贸易城市恰克图，中国商人自发修建了买卖城，由此开辟了一条"南茶北销"的陆上茶叶贸易之路。从福建武夷山和湖南安化起步的茶叶之路，跨越千山万水，突破北疆南岸，延绵 200 多个城市，纵跨辽阔地域，成就了万里茶道纵贯欧亚大陆进入恰克图中转的国际商道。

1883 年，俄国人从中国湖北的羊洞楼地区买走了茶籽，栽种在格鲁吉亚和高加索的土地上，引起了沙皇的重视。沙皇倡导在黑海沿岸大规模种植，俄国的制茶业也得到了迅速发展。1930 年，当时苏联政府做出决定，在阿娜西乌里的马哈拉则城附近成立全苏茶叶科学研究所。当时苏联在茶叶科学研究上做出的成就：首先提出在茶叶加工过程中的生物化学管理，使茶叶在制作过程中的工艺趋向合理，保证产品品质的优

为了增加红茶产量，诸暨县人民委员会在牌头区的西山乡种植发展面积达 500 亩的新茶园（原诸暨县林业特产局茶叶股珍藏照片，摄于 1958 年 9 月）

良。这些研究成果，至今尚有参考和利用价值。

· 俄国的茶消费习俗和茶文化 ·

俄国绝大部分茶叶需要从国外进口，是欧洲最大的茶叶消费国，人均茶叶消费量仅次于印度和中国，也相应地成为世界上最大的茶叶进口国。在俄国，上至达官显要、下至平民百姓，每逢隆重节日和特殊的日子，亲朋好友都会围坐在精美的茶炊旁，品着醇香的红茶，聊着热闹的话题，节日的欢乐和浓浓的亲情得以尽情地渲染，这种古老的俄国传统习俗一直延续至今。红茶以无可比拟的优势获得了俄国人的钟爱，并一度统领了其饮品市场，占据了 90% 的茶叶消费市场。

屋外大雪纷飞、屋内温暖如春，就着蛋糕、饼干、糖块、果浆和蜂蜜等甜点，悠然地呷着香气四溢的红茶，确是一份人间天堂的享受。列夫·托尔斯泰曾经说过："喝茶可以把人的身心潜力发挥出来，更有利于工作和学习。"可见，红茶给人带来了精神和身体上的双重享受，茶在万里茶道上传播到俄国，并定居扎根，结合当地的民风习俗，形成了具有区域特色的茶文化，这也是中华文化对世界文化的重要贡献之一。

· "越红"的诞生 ·

1950 年 2 月，中苏签订了《友好同盟互助条约》，条约规定苏联向中国每年提供 3 亿美元的贷款，中国用以茶叶为主的商品偿还，因此红茶的需求量急剧上升。这是一件关系到国家政治和经济的大事。浙江省对发展红茶生产提出了新的要求，以绍兴地区为主产区的越红茶产品应运而生，成为一个仅次于"祁红""滇红"的红茶品牌。

由于绍兴地区是传统绿茶产区，是平水珠茶的集散地，为满足东欧市场的需求，中央和浙江省委决定在诸暨、绍兴（今柯桥区）、嵊县实施改制红茶，取名"越红"销往苏联。此外，成立越红推广大队，在绍兴市区筹建红茶精制厂，组织人员开展工作。同时在安徽、江西等地，聘请 200 多名有红茶初制加工实际经验的农民技工，分配到越红初制所（工场）制作红茶。当时有很多茶叶方面的专业人才也投入到红茶改制工作之中，像著名茶叶专家高麟溢先生就到当时嵊县的北山区做技术指导。

西山东方红茶场（原城南茶场）茶厂建造时的情形（原诸暨县林业特产局茶叶股珍藏照片，摄于 1958 年 11 月）

诸暨县是改制的重点茶区，在这里成立了全省第一家县级茶叶生产指导站，技术人员都由省农林厅委派。1957年初，在诸暨原东溪乡皂溪村建办的诸暨山口茶厂全部按照中国茶叶总公司浙江省分公司要求建设，仓库避雨相连，底层设置防潮，车间用磨石子地面，层顶用杉木天花板，四周通风，加工机械选用苏联进口的双动揉捻机和自动烘干机。为提高加工质量，上海茶叶公司还赠送了当时比较先进的分类解块机。1958年5月，山口茶厂建成投产后，苏联茶叶专家伊万诺娃等3位茶叶技术工作者亲临考察指导，对诸暨县人民委员会支持茶厂建设表示感谢，对加工的红茶品质予以肯定。考察团回杭州后，中国茶叶总公司督促浙江省供销社增加诸暨红茶加工产量。为完成国家下达的计划任务，在"茶树越采越发"错误理论的影响下，当时的枫桥公社东溪大队向全县发出倡议书，诸暨人民委员会发出特急通知，要求全县人民"狠抓九月关、实现秋茶超春茶，多产红茶出好茶"。结果由于过度强采导致茶树衰败，茶园面貌一蹶不振，诸暨茶产业史上出现了"一年失误、三年减产、十六年翻身"的现象。

·红茶贸易催生技术革新·

到1955年底，诸暨全县已有109家红茶初制所，毛茶全部调绍兴茶厂精制拼配出口苏联。当时的红茶加工，萎凋采用日光、揉捻采用手推和畜力揉捻机、烘干采用木炭，烘焙房内木炭燃烧、烘笼手工翻拌茶叶，劳动强度很大。为了提高生产效率，原城南公社红茶初制厂在县茶叶生产指导站的帮助下，设计了一台"土烘干机"代替手工操作，用柴代替木炭，大大降低生产成本。省农林厅特产局派技术人员现场指导，并在试验经费上予以大力支持。经过4年的反复试验，红茶烘干机研制成功。红茶烘干机是浙江省首次在群众中开展技术创新的成功范例，1958年底通过省级科技鉴定，在全省茶区得到迅速推广。中国茶叶总公司浙江省分公司的陈观沧高级工程师、绍兴茶厂的吕增耕总工程师两位茶叶专家撰写的《红茶土烘干机介绍》文章，刊登在《茶叶》杂志1959年第1期上。

苏联赠送给诸暨山口茶厂的大型自动烘干机（原诸暨县林业特产局茶叶股珍藏照片，摄于
1959年5月）

·呼唤"越红"在"一带一路"中重振雄风·

复兴万里茶道，就要乘着"一带一路"的东风，将尘封许久的万里
茶道在人们消失的记忆中找回。越红茶产品曾是万里茶道中的骨干商品
和中坚力量，理应在复活茶叶之路、振兴茶路贸易繁荣的文化引领下，
顺应世界贸易文化产业齐头并进地发展，重新衔接起越红的辉煌。在复
兴万里茶道、构建产业联盟、组合经贸协作的今天，与茶旅相关的各类
业态也被注入了新鲜活力，"越红"在"大众创业、万众创新"的时代
背景下面临着新的发展机遇。

诸暨是"越红"的主产区，尽管在历史的沿革中几经沉浮，但10
余万亩的茶园错落有致地分布在暨阳大地，茶类单一化、产品同质化倒
逼茶产业结构性调整，在新的历史条件下，建议政府搭建平台、出台政
策，利用丰富的茶园资源及传统的越红工夫制作技术和经验，凭借"外
形紧细、色泽乌润、汤色红亮、滋味鲜爽"的品质风格和特征，精心培
育地方品牌，重树"越红"在市场上的声誉，这样不仅可以使当下大量
弃而不采的夏秋茶资源能得到充分利用，延长茶产业加工链、提高茶产

原诸暨山口茶厂大门，现隶属市商贸办（摄于 2014 年 12 月）

业的附加值，而且也是一项帮助山区农民增加收入的富民工程。

诸暨山口茶厂是越红毛茶原料的发源地，在流逝的岁月中几经沧桑，近 2 万平方米的厂房和仓库，权属市商贸办（原县供销社），虽显得苍白无奈，但也是古老典雅。如果以市商贸办牵头，上连全国供销合作总社杭州茶叶研究院，按照市场需求，发挥供销社自身优势，以股份制形式恢复建设一座能帮助千家万户农民的大宗茶初精制连续加工厂，利用传统的厂房、配套现代化的机械设备，发扬传统加工工艺，注入先进的现代技术。同时把历史踪迹和资料综合整理，建设越红博物馆和茶文化的体验馆，借助地处全球重要农业文化遗产——会稽山古香榧园的绿山清溪，利用万里茶道时空的广阔性、地域的连贯性、人文的包容性、商道的传承性、经贸的外向性，整合多方面资源，促进文化、旅游和商贸交流与合作，唤醒沉睡的资产，激活茶产业的发展潜力，这将是一项"绿水青山就是金山银山"的实事工程。

资料显示，世界红茶消费量每年以 10% 的速度在增长，尤其是红茶以汤色红亮的特征，获得了年轻人的钟爱。红茶是一种发酵茶，具有明显的医疗保健价值，儿茶素和茶红素，有抗氧化、抑制胆固醇和血糖上升的作用；其中含有的茶黄素具有很好的降脂作用，还可以清除人体

砖森结构、杉木做天花板的红茶初制车间（摄于 2014 年 12 月）

中的活性氧，保护皮肤、减少色斑的产生。红茶是富含能消除自由基、
具有抗酸化作用的黄酮类化合物饮料之一，能降低心肌梗死的发病率。

弘扬在指尖上的茶文化

陈赢荣

我是一个已过而立之年的做茶师傅。从血气方刚的青年时代起，就开始爱上茶叶这个行业。在 2007 年加入诸暨市石笕茶叶专业合作社以后，理事长张天校对我备加关怀、重点培养，得到了茶界同行们的指导和帮助，我悉心钻研越乡龙井手工炒制技术，在 2010—2016 年连续七届全市名优茶手工炒制大赛中，蝉联全市第一。其间还参加了省、绍兴市组织的各种比赛，荣获省、地（市）炒制能手等称号。

手工炒制茶叶，既是一门传统工艺，也是一项茶叶制作工程中的核心技术。尽管机械化制茶技术发展迅速，而且已经向"智能化"方向发展，机器人代替茶叶加工也是指日可待。但我的体会是手工制茶是机械

陈赢荣在全市第七届名优茶手工炒制大赛中参加比赛（摄于 2016 年 4 月）

化制茶的基础，在手工工艺的流程中虽然发明和创造了不同的加工机械，但是单纯以机械化来操作，不弄懂各工序的原理，也很难做出好茶，尤其会在"看茶做茶"灵活应用中造成先天不足。在重提"工匠精神"的时代背景下，回顾总结本人事茶以来的经历和体会，旨在抛砖引玉，博得茶界同仁的专家和师傅传艺送经。

· 师傅领进门，学艺在自身 ·

我出身在与诸暨交界的磐安山区，自幼接受绿色茶园的熏陶，因在茶区环境中长大，耳濡目染地对茶叶采摘加工有深刻印象。生在茶树上一色相同的芽叶，可以加工成"红绿白黄"的不同茶类，好奇心牵引着我对挚爱的茶叶事业的追求。在我进入充满活力的青年时代后，发展名优茶成为历史的潮流，学习手工炒制龙井迅速成为茶区的一种发展态势。当我第一次坐在茶灶前，开始第一遍茶叶炒制时，师傅就语重心长地对我说："'手不贴锅，茶不离手'是基本动作。"意思是说在炒制茶叶时，不但要做到专心、用心、细心，更要掌握操作时的手势。手法决定手势，手势体现手法，手一贴锅，在100多度的茶锅中你的手马上就会起泡，疼得你坐立难安；茶一离手，就会被烤焦。要做到、甚至做好这一动作，不是一件轻而易举的事。你要想做徒弟，必须经历手指起泡、头脑发昏的痛苦，关键是要深刻地领悟师傅所传授的技艺内涵。在实践中我大胆又细心，不断地熟练龙井茶中抖、搭、拓、甩、捺、抓、推、扣、扎、磨、压、荡十二大手法，以"看茶做茶"的判断能力确定每一锅茶叶的炒制流程，灵活而合理地确定茶锅的温度，以熟练的炒制技术把每一锅茶叶的质量提高到极致。

师傅说，龙井茶不仅有"光、扁、平、直"的外形特征，而且还有"色绿、香郁、味甘、形美"四绝品质特征，构成了龙井茶"色、香、味、形"与"光、扁、平、直"的八字品质特征。要成为一名名副其实的做茶师傅，必须要具备"入得了门道（即制作工艺），懂得了味道（即悟出全道工序对品质影响）"的素质。对此，我的体会是：这正是现代所倡导的所谓的"工匠精神"。

·举一反三、触类旁通·

人们都说龙井茶是一种工艺品，是劳动人民勤劳和智慧的结晶，我说这一点也不假。首先，手工炒制龙井茶，不但要学会手法，还要掌握好手势。手工炒制龙井的十二种手法和各种手势，是要根据龙井茶的特点和鲜叶的等级相互联系而又不断地变化。在加工时，不管是青锅还是辉锅，从下锅到起锅都要更换几种手法；手法变了，手势同样也得变。譬如炒制高档龙井茶的青锅，采用抖、搭、甩、拓、捺、荡六种手法，其抖、拓手法的手势是大拇指叉开，四指微张带弯曲，做到手贴茶、茶贴锅，轻轻地把茶从锅底向锅壁上部拓起来。这一手势操作，所要注意的是不能太用力，用力过大会压破叶质细胞，水汁外溢，造成色泽发黑。在茶叶拓到近锅边时，把茶叶托在手中，离灶面5cm至10cm高处，将手中茶叶全部抖到锅底，抖茶时手腕微动，四指交叉抖动，即使茶叶抖开也不结块，又在外观上形成一种很有欣赏价值的艺术动作。

在龙井茶炒制中，十二种手法不是依次单独使用的，而是互相结合交叉进行的。无论是青锅还是辉锅，是高档茶还是中低档茶，都要用到其中的某几种手法。比如高档龙井制作时的青锅，就要用抖、搭、甩、拓、捺、荡六种手法，主要是使茶叶色泽明亮、条索阔狭整齐均匀。高档龙井的辉锅，先是用抖、搭、拓三种手法，后用抓、捺、推、磨等手法，目的是使辉锅干茶进一步达到色泽明亮、条索整齐均匀。在手工制作过程中，十二种手法要灵活掌握，密切配合火候，看茶炒茶，才能炒出具有"光、扁、平、直"的外形和清汤绿叶"色、香、味、形"俱佳的龙井茶。在炒制大赛中，每一次比赛我都是在规定时间内完成最迟交样的，因为我把比赛作为考场，注重临场发挥，把工艺作为试卷，做到"看茶做茶"。在领到参赛鲜叶后，我会认真分析，冷静思考，合理确定十二种手法在制作时的运用，并对每一个动作的应用和交换，用目测感官和手感来寻找最佳方案，做到环环扣紧，保证茶叶加工过程不出一点纰漏。我在手工炒茶中悟出一条体会：匠人的内心必须要安静、安定。手艺人往往固执，但是这些背后隐含的是专注、技艺，对完美的追求，对技术的精益求精。我宁愿这样，也必须这样。获奖是一种荣誉，但更是一次重要的技术训练。

·潜心钻研、精益求精·

手势是一个做茶师傅的形象，更是一种技术水平的体现。在"拓"茶时，手腕动、手肘辅，才能适合制茶工艺的要求，反之就做不出好的茶叶。这像拉二胡一样，手臂、手肘、手腕都必须配合得体，才能得心应手。这需要不断地在实践中摸索和改进，评价一位拉二胡的师傅水平高低是："会拉一条线，不会一大片"，我认为手工炒茶的手势与拉二胡极为相似。

在茶叶炒制过程中，必然会遇到摊青或半成品、成品的感官检测，手势是一种技术水平的标志。例如，在抽样感官评审成品茶时，须右手四指并拢、右大拇指成直角，手心向下与茶面平行靠摩擦，用手腕拓起茶叶。如果四指弯曲用"抓"茶叶的手势，茶叶就会折断受损，达不到一位做茶师傅的起码水平。在竹帘摊青或半成品时，其手势是手心向上，手腕和手指微微抖动，从外向内圆心抖撒抖均。"三百六十行、行行出状元"，只要潜心钻研，就能在实践中不断提高技术水平。"能在身，技在手，思在脑，从容做好一个茶人。"

学海无涯，技术无止境。茶，给人淳汁，给人清香，自己却变得淡而无味。从这一方面讲，她是短命的。但在人们的大脑里，精神里，她没有悄悄地离去，而是无形地为人们付出着，她是高尚的！奉献就是一位茶人的敬业精神，严谨就是一位茶人的"工匠精神"，愿茶之精神在时代的前进中不断地发扬光大、永不凋谢！

飘香在茶杯里的"工匠精神"

杨思班

一片生长在茶树上的绿叶，经过不同的加工程序，成为一种适合不同人群消费的饮品，构成了一片树叶的故事。严格地说，鲜叶是一种植物的器官，茶是一种以鲜叶中含有的多种化学成分、在加工中经过一系列化学反应而生成的一种化合物。在这中间，劳动人民在漫长的岁月中，发现和创造了不同的加工技术，形成了在世界上独一无二的"红、绿、白、蓝、青、黑"6大茶类。红茶促成发酵、绿茶终止发酵、黄茶平衡发酵、青茶减半发酵、黑茶沤堆发酵、白茶自然萎凋。以促成或抑制鲜叶中存在的多酚氧化酶为标志，制作成"生在山里，一色相同；泡在杯里，有红有绿"的茶产品。由此可见，要成为一名合格的"做茶工匠"，不但要有扎实的理论基础，更要有丰富的实践过程。有人说"做茶学到老，茶名记勿了"，这说明了精益求精是成为一位"做茶工匠"的基本条件。

我大学学的是艺术设计，2008年从海滩边上的苍南，来到西施故里诸暨创业，从事的是高分子材料生产。从小生长在海边，茫茫大海和卷起千堆雪的巨浪，让我养成了一种善于思考的习惯。诸暨的绿山青溪，错落有致的成片茶园，使我爱上了茶叶行业。诸暨山水的清丽和俊秀，展示着春风化雨般的气质，茶园在严寒里呈现着万物丛中一树绿色，烈日下担负着覆盖大地的一片树荫，使我对茶园肃然起敬。尤其是一次偶然的机会，在斯宅相识年逾耄耋之年的老茶人斯根坤先生，更增加了我对茶叶事业的钟爱。当我了解到"越红"的历史和传统技艺以后，认为发展和传承传统手工越红工夫，对振兴诸暨茶产业、弘扬古越茶文化意义深远。我重组注册成立了越江茶业有限公司，在东白湖西丁村租赁了茶厂，承包了海拔500米以上的茶园，拜斯老先生为师，请来台湾做茶师傅，利用东白山的高山茶资源，开始了加工以"越红"为主导产品的

在绍兴品茶节上越江茶业工作人员正在表演茶道（摄于 2016 年 4 月）

多茶类产品，先后在杭州中国茶业博览会、宁波国际茶文化博览会、诸暨旅游推介会上获奖。在 2015 年 11 月杭州第二届中国茶业博览会上，中国国际茶文化研究会会长周国富先生对"越红"产品予以充分肯定和赞赏。2016 年 3 月 26 日，结合东白湖镇名茶手工炒制大赛，举办了越红工夫传统工艺"申遗"研讨会，还拍摄了《千年越都 一品越红》的微电影。

虽然我对茶叶行业来讲并非科班出身，但我深深爱上了茶叶行业。结合自己的工作实践，我认为要成为名副其实的"做茶工匠"，有如下三条经验：

一是拜师学艺，贵在虚心。有句老话说得好：千教不如一觉。任何一次技术，都是前人在反复实践和试验中所形成的智慧，是前人从自由王国走向必然王国的结晶，所以要学艺，必须甘当"小学生"。在接触越红工夫茶加工工艺时，师傅第一句话就是：要做好茶，得用心。从一片片翠绿欲滴的鲜叶，加工成乌黑红亮的红茶，这当中每道工序都很重要。师傅虽然年事已高，但他在茶叶加工时像一位在课堂手执教鞭的老师，边做边教，一丝不苟。萎凋是红茶加工中的一道工序，萎凋太轻，容易揉碎，滋味显苦；萎凋太老，汤色转褐欠红亮；发酵过度，汤色转黑，滋味显淡；发酵不足，滋味苦涩，叶底花青。这些技术和经验单靠理论、缺乏实践经验是很难掌握的，必须在实际生产中钻心研究，在举一反三中触类旁通。在"看茶做茶"中游刃有余，才能做出一杯真正的好茶。像越红工夫茶中的甜香味，既保持了传统的鲜爽口感，又改善了茶汤滋味，增加了对消费者的吸引力。名师出高徒，只有虚心、细心、耐心、静心，才能真正学到手艺，学好手艺。宋徽宗在《大观茶论》中写道："不知茶之美恶者，是制作之工拙也。"

二是做茶既要入门道，更要懂味道。不同的加工工艺决定了茶类风格的差异，外形上有扁形、条形、圆形、菊花形等形状，在滋味上有鲜爽、鲜醇、甜醇、纯和、爽甜等口感。鲜叶原料是基础，加工是关键，要成为名副其实的"做茶工匠"，需要具备懂得不同茶类加工的技术要领，也就是"入门道"。在实际操作中，既要紧扣工艺加工流程的各个环节，也要有灵活机动适应各种变化的能力，习惯上称为"看茶做茶"。

越江茶业组团参加宁波国际茶文化节（摄于 2016 年 5 月）

对不同的原料采取灵活的方法，努力把产品做到精致、极致。针对茶叶品质的色香味形，每道工序都起着直接和间接的作用。师傅告诉我，茶叶加工季节集中，时间要求高，把进厂的鲜叶原料分门别类摊放，分批付制，一定要注意贴上标签，防止在加工时颠倒次序而影响产品质量。像台湾师傅在加工车间，除按要求洗手更衣外，还坚持做到少讲话、多动手，就是一个芽叶，掉到地上也会细心地捡起重新处理。在机械化加工技术不断普及的时代背景下，严格按照质量标准精制细作显得尤为重要，一切偷工减料、粗制滥造的现象，都不是一个"做茶工匠"良好品德的体现。对每批入库的产品都要进行开汤审评，及时发现问题予以纠正，这是保证茶叶产品质量的关键所在，这就是"懂味道"。

三是做茶既是一项技术，更是一门艺术。技是点，术是线，学是面，道是本。技术是一种经验，是无止境的，只有不断地在实践中学习新知识，掌握新技术，才能适应市场消费者的广泛需求。茶叶是消费者在冲泡时不经过任何洗涤而直接饮用的，因此保证茶产品的安全卫生，是做茶人的道德底线。如果肆意踩踏这根底线，那就连作为一个"做茶工匠"的起码条件也不相符。师傅经常对我说："规章制度不仅要挂在墙上，更要记在心中。"安全卫生要成为每一个做茶人的自觉行动，实事求是地把质量安全关进制度的笼子。

后　记

近代著名学者梁启超曾经指出："有良方志，然后有良史。有良史，然后开物成务之业，有所凭借。"诸暨茶业从唐自东白山禅林密集开始种茶以来，历代方志都有关于茶的记载和描述，可以说植根于东白山的茶文化源远流长、历经弥新。在历史的长河中和不同的时代背景下，史料显示诸暨茶产业总是与时俱进，演替脉络井然有序，内容丰富多彩，是一份珍贵的非物质文化遗产。尤其是在传承历史文脉，振兴茶业经济的新时代背景下，更彰显了诸暨茶业的传承价值所在。

本书编者以长期事茶的工作经历和实践，收集整理了不同时期中茶叶生产和科技工作者的各类文章，构成一条历史长线、汇成一条产业大河，成为一部演替脉络清楚的家谱，为茶产业走向未来提供经验和借鉴。一个产业在走向现代时，其历史背景和产业现状成为其中扮演的重要角色，在转型期间，产业现状成为重要的奠基。书中从不同时期和视角出发，展示出越红工夫茶的历史原貌，昭示后人只有真正地珍惜和敬畏历史，才能拥有丰富的收获和良好的效果。

书中选用了大量不同时期的照片，这是编者多年积累保存的专业资料。部分资料因时光变迁，难觅其踪，缺少来源注明，如原摄影者看到这本书，可直接联系编者，定致歉酬谢。

编者

2017 年 11 月 21 日